逻辑思维

张毅 编著

解构思维，升级智慧

中国纺织出版社有限公司

内 容 提 要

逻辑思维是思维的一种高级形式，只有拥有逻辑思维，人们才能达到对具体对象本质规定的把握，进而认识客观世界。它是人的认识的高级阶段，即理性认识阶段。提高自己的逻辑思维能力，对我们的生活、学习和工作有很大的帮助，我们都应该在日常生活和学习中有意识地训练自己的逻辑思维能力。

本书是写给普通读者的逻辑入门书，它从逻辑思维的理论知识入手，逐渐将逻辑思维延伸到我们生活、学习和工作中的方方面面，教我们如何"清晰思考"，帮我们高效率地找到解决问题的方法，它更能与创意思维相衔接，成为让我们在面对未来激烈竞争时立于不败之地的力量源泉。

图书在版编目（CIP）数据

逻辑思维 / 张毅编著.--北京：中国纺织出版社有限公司，2024.2
ISBN 978-7-5064-9562-2

Ⅰ.①逻… Ⅱ.①张… Ⅲ.①逻辑思维—通俗读物 Ⅳ.①B804.1-49

中国国家版本馆CIP数据核字（2023）第219819号

责任编辑：林 启　　责任校对：江思飞　　责任印制：储志伟

中国纺织出版社有限公司出版发行
地址：北京市朝阳区百子湾东里A407号楼　邮政编码：100124
销售电话：010—67004422　传真：010—87155801
http://www.c-textilep.com
中国纺织出版社天猫旗舰店
官方微博 http://weibo.com/2119887771
天津千鹤文化传播有限公司印刷　各地新华书店经销
2024年2月第1版第1次印刷
开本：880×1230　1/32　印张：7.25
字数：135千字　定价：49.80元

凡购本书，如有缺页、倒页、脱页，由本社图书营销中心调换

前 言

在 21 世纪的今天，我们都会关心一个问题——竞争，也都会有这样的疑问："到底怎样做才能成为真正有竞争力的人才？"我们发现，任何一个成功者，大都具有一些共同的特质：他们积极主动，富有创造力。一个人是否有创造力，首先取决于他的思维。在人类的众多思维中，最能展现一个人智商的，就是逻辑思维了。

逻辑思维又称理论思维，指的是人们在理性认识阶段，用概念、判断和推理等思维类型反映事物本质与规律的认识过程。

逻辑思维是思维的一种高级形式，也是理性认识阶段。所以一个人只有具备超强的逻辑思维能力，才有出色的表达能力、推理能力、判断能力、想象能力及创新能力；而那些逻辑思维混乱的人，无论是说话还是做事，都缺乏条理性，总是颠三倒四、混乱不堪，这样的人，很难有什么出色的成就。

我们每个人，无论现在处于什么样的境况，都要重视逻辑思维的训练。思想是超越现实的起点，同时也可能成为禁锢创新的囚笼。思维的成熟程度及深度将直接决定我们会成为一个什么样的人、做什么事情甚至决定我们生命的长度。我们需要训练的逻辑思维有九种：语言逻辑、联想逻辑、逆向逻辑、聚合逻辑、换位逻辑、质疑逻辑、超前逻辑、变通逻辑、创新逻辑。

生活中的任何人，如果你希望自己的思维能力能获得进步，你就必须重视这些思维和能力的培养。也许你会问，我该怎样获得出色的逻辑思维能力？我们不得不承认，任何人的成长路上，都要有一个知心朋友的陪伴，他能指引你走好人生的每一步，而本书就是这样一位朋友。书中阐述了每种逻辑的具体效用及获得方法，相信你仔细品读它，定会有所收获！

编著者

2023 年 6 月

目 录

01 第 01 章
了解什么是逻辑思维，洞悉成功人士是怎么思考的 —— 001

逻辑思维的定义	002
逻辑充斥于生活的方方面面	005
人的逻辑思维能力如何提高	007
学会用辩证的、发展的眼光看问题	010
善辨多思，将逻辑思维带到观察中	014
惯性思维，往往会导致错误判断	017
严谨的逻辑思维，是成功的前提	020

02 第 02 章
遵循语言逻辑，话才能说得让人心悦诚服 —— 025

缜密的逻辑思维在语言中尤为重要	026
什么是言语链	029
言语链是表层结构，而逻辑链是深层结构	033
说话没逻辑就会颠三倒四	036
说话前后不一，只会让我们陷入自相矛盾的境地	040
连接词，能使语言逻辑更连贯	044
运用逻辑推理，逐步将对方带到你的语言陷阱中	047

03 第03章
培养联想逻辑，让你的思维活跃起来 —— 051

善于举一反三，激活你的思维	052
相关联想是一种由概念接近而引起的联想	054
敢于联想，就能整合几个不相关的事物	057
敲门运用移植思维，由此及彼地思考	060
展开相似联想，一定要抓住事物之间的相似点	064
对比联想：在有对立关系的事物之间形成的联想	067
出色的联想思维能力如何训练才能获得	069

04 第04章
善用逆向逻辑，敢于"反其道而思之" —— 075

逆向思维，不走寻常路	076
"倒过来"想，由果及因思考	079
反转你的大脑、破除旧有思维的限制	082
逆向思维，是对传统习惯和常规的反叛	084
转换思维方式，困境就能迎刃而解	086
反过来思考，一切豁然开朗	089
巧用逆向思维，更易消除人际之间的误解	091

目 录

05 第05章
妙用聚合逻辑，得到一个合乎逻辑规范的结论 —— 095

聚合思维：创新性思维的另一基本成分	096
集中求证，找到解决问题的最好办法	098
思维不仅要发散，更要收敛	101
辏合显同法：依据统一的标准"聚合"感知对象	104
目标识别法：围绕目标进行收敛思维	106

06 第06章
懂得换位逻辑，能助你轻松了解他人的想法 —— 109

表达善意，能消除人际心理隔膜	110
动之以情，设身处地地为他人着想	112
结识有能力者，你也会有机会获得改变	116
雪中送炭，对方更会感激于你	120
放下成见，实现共赢	122
双赢，需要双方都让一步	124
抬高他人，能满足他人的虚荣心	127

07 第07章
敢于否认，常用质疑逻辑才能形成自己的知识 —— 133

学贵多疑，凡事多问为什么	134
不懂就要问，才能训练出自己的质疑思维能力	136
有自己的想法，并敢于挑战权威	140
开动大脑，换个思路解决难题	143
激发好奇心与求知欲，驱使你探索未知世界	146
路径依赖：避免习以为常、不加思索的毛病	151

08 第08章
认知上先人一步，运用超前逻辑更易获得成功 —— 153

从长远考虑，不要被眼前小事影响	154
思维快一步，行动快一步	156
有舍才有得，鱼与熊掌不可兼得	160
积极进取，一步步实现优秀和卓越	164
保持敏锐的嗅觉，才能第一时间捕捉机遇	168
学会预测市场潜在需求，懂得捕捉发展的商机	171

09 第09章
顺势而为，善用变通逻辑能少走很多弯路 —— 177

过分执着，反而是一种弊病	178
认清自己，适时放弃错误的选择	180
适时改变，别禁锢思想	182
与时俱进，才有应变的能力	186
学会多角度看问题，你会看到不同的世界	189
变通思维、化繁为简	193
头脑灵活，积极适应不断变化的外界环境	196

10 第10章
锐意变革，激活创意逻辑使自己处于竞争中的有利地位 —— 201

告别因循守旧，用新思维突破常规观念	202
脑力制胜的年代，创新就是王牌	205
经商，要有敏锐的眼光和灵活的手脚	208
能力不足时，要善于借力	211
成功者积极主动，富有创造力	215

参考文献 219

第 01 章

了解什么是逻辑思维，洞悉成功人士是怎么思考的

你可能曾主动或者被动接受过逻辑思维题的测试，这类问题突出的特点表现在试题灵活，难度较大，并且需要很强的逻辑思维功底，可能对于你来说是一个不小的考验。那么，什么是逻辑思维呢？逻辑思维有哪些形式？又该如何在日常生活中训练自己的逻辑思维能力呢？带着这些问题，我们来看看本章的内容。

逻辑思维的定义

生活中，我们常提及的逻辑思维，又称理论思维，指的是人们在理性认识阶段，用概念、判断和推理等思维类型反应事物本质与规律的认识过程。逻辑思维的产生是来自人们对已经或正在认识的思维及其结构、起作用的规律的分析。也就是说，人们对于事物的判断，唯有在经过逻辑思维处理后，才能从现象上升到本质，也就是说，逻辑思维是人的认识的高级阶段。

逻辑思维是一种明确而不是模棱两可的、有条理和根据而不是毫无根据的、是前后连贯而不是自相矛盾的思维。逻辑思维需要用到的思维形式有概念、判断、推理等，而方法有比较、分析、综合、抽象、概括等。掌握和运用这些思维形式和方法的程度，也就是逻辑思维的能力。

提到逻辑思维，也就要提到逻辑思维的形式，逻辑形式一般是指：把具体内容的各个部分组成起来的构造方式。接下来，我们不妨看两个例子：

例一：所有商品都是劳动产品。所有经济规律都是客观的。

逻辑形式是：所有S都是P（S、P为变项）。

例二：如果下雨，那么地湿。如果发生海啸，那么一定有海潮。

逻辑形式是：如果p，那么q。

其中,"所有……都是……"是常项,"如果,那么"是常项,S、p与q则是变项。

这里,我们总结出了一些逻辑思维的形式。在了解这一点之后,我们有必要掌握几种逻辑思维的方法。

逻辑思维方法是一个整体,它是由一系列既相区别又相联系的方法所组成的,其中主要包括:归纳和演绎的方法,分析和综合的方法,从具体到抽象和从抽象还原到具体的方法,逻辑和历史统一的方法。

不少人认为,只有在写论文、辩论等活动中才会用到逻辑思维方式,其实不然,逻辑思维被广泛地运用于科学研究、辩论、演说、谈话等活动中。其中,掌握逻辑思维的方法、规律和形式等,对提升人们的思维能力、语言能力等都有着不可代替的作用。

1.归纳和演绎的方法

归纳,顾名思义,就是将众多个别的进行归纳和总结,形成一般的思维方法,还有就是以个别的判断作为依据对另外一个论点或者论题进行论证的方法。

如果给我们一些事实材料,要从中找到事物的一般规律或者本质,这就必须要用到应用归纳法。

与之相反的就是演绎,演绎是归纳的反过程,是从一般到个别的论证过程,比如,在研究中,运用已知的理论进行调查,或者用名人的经典话语来证明某个观点,使用的就是这样的方法。

2. 分析和综合的方法

分析和综合是相对的两种方法。分析是把事物解剖开来，然后对其各个部分的属性等进行研究和表述；而综合则相反，它是将已知的某些部分综合起来进行研究和表述。

在不少论文的撰写中，无论是表述论点，还是分析论点，都要用到分析和综合的方法。

3. 从具体到抽象和从抽象到具体的方法

从具体到抽象，其出发点是一些表象，再经过研究和分析，从而形成抽象的概念和范畴的思维方法，反过来，也就是从抽象到具体的思维方法。

在正式场合的语言活动中，比如演讲，从总体上说，也要运用从具体到抽象和从抽象到具体的方法，即在占有资料的基础上，经过分析研究，找出论点、论据，在头脑中形成报告的框架体系，然后按照从抽象到具体的顺序，一部分一部分地表达你的观点。

4. 逻辑和历史统一的方法

所谓历史的方法，就是按照事物发展的历史进程来表述的方法。逻辑的发展过程是历史的发展过程在理论上的再现。不过，我们需要提及的是，在我们日常的语言交流中，从总体上运用逻辑和历史统一的方法，是不多见的，可能更多体现在了一些文史类书籍中。

掌握逻辑思维的形式及逻辑方法，不仅能帮助我们训练思维过程，提升我们的思维能力，更能让我们在日常生活中对其加以运用,让我们能更高明地说话办事。

逻辑充斥于生活的方方面面

有逻辑,就有逻辑学,逻辑学是一门以推理形式为主要研究对象的学科,具有工具性和方法论的功能。逻辑学同哲学研究紧密相关,对数学、计算机科学、人工智能、语言学等的发展也有相当重要的作用。

逻辑学是研究思维的学科。所有思维都包含内容和形式两个方面。思维内容是指思维所反映的对象及其属性。思维形式是指用以反映对象及其属性的不同方式,即表达思维内容的不同方式。从逻辑学角度看,抽象思维的三种基本形式是概念、命题和推理。

可能不少人会认为逻辑学是一门高深的学问,甚至对如何学习逻辑学感到迷茫,而其实,只要你细心观察,就会发现,生活中处处皆逻辑,以下四个例子就能证明。

例一:烟囱的故事

有两个人从烟囱里爬出去,一个干净利索,另一个灰头土脸,你认为他们谁会去洗澡呢?其中一个人说"当然是脏的那个人。"另一个人却说,"不对,脏的那个看见对方干干净净,以为自己也不会脏,他根本就不会去洗澡。"

例二：语文中的语病句

有这样一句话："中国有世界上没有的万里长城"，一看到这样的句子的时候，你是不是认为这就是对的，然而大家仔细地运用逻辑学来推敲一下，你就会发现"中国有"和"世界没有"，这本就是自相矛盾的两个概念。

例三：脑筋急转弯的误判

对于脑筋急转弯中这样一个问题——"2加3在什么情况下不等于5"，估计我们会迅速给出一个答案——"在做错误的情况之下"，显然这答案对大多数人来说其实并不难。但如果要从逻辑学的角度回答，恐怕没几个人能够答出来，其实答案是"如果1加1不等于2，那么2加3就不等于5"，这是一个充分条件假言判断。

例四：最流行的时装

一顾客问售货员："这件上装的确是现在最时髦的吗？"售货员说："这是现在最流行的时装！"顾客说："太阳晒了不褪色吗？"售货员说："瞧您说的，这件衣服在橱窗里已经挂了三年了，到现在还像新的一样。"我们可以看到这个售货员的回答就是相互矛盾的。我们也可以运用矛盾律来试探生活中的真假，利用逻辑来揭穿谎言。

逻辑学理论和方法有以下几个作用：

1. 认知工具：有利于人们正确认识事物，探求新结果，获得新知识。

2. 表达工具：有利于人们准确、清晰、严谨地表达思想观念和建立新理论。

3. 说服工具：有利于人们做出更为严谨、更具有说服力的推理和论证。

4. 分析工具：有利于人们揭露谬误，驳斥诡辩。有助于帮助人们正确思考，明辨是非。

同样，我们也能得出在生活中运用逻辑思维的意义：

一般作用：

1. 有助于我们正确认识客观事物。

2. 可以使我们通过揭露逻辑错误来发现和纠正谬误。

3. 能帮助我们更好地去学习知识。

4. 有助于我们准确地表达思想。

对创新的积极作用：

发现问题；直接创新；筛选设想；评价成果；推广应用；总结提高。

总的来说，学习逻辑学、训练自己的逻辑思维能力，能让我们在生活和工作中的方方面面获益良多。

人的逻辑思维能力如何提高

我们都知道，思维发展的总趋势是：从具体形象思维到抽象思维，即由动作思维发展到形象思维，再依次发展到抽象逻辑思维。因此，我们每个人都应该在生活中有意识地培养自己的逻辑思维能力。

那么，如何在日常的生活和学习中培养逻辑思维能力呢？

1. 加强因果联想能力

日常生活中发生的事情都有其连续性的特点，这就需要我们加强自己的因果联想能力。从心理学的观点来看，某些联系永远是记忆活动的基础，生活中许多概括的认识都是经过这一过程一点点积累、归纳、推理而得出的。也就是说，每当需要了解和解决某件事时，如果都去一次又一次认真分析其因果关系，你就会发现，你解决问题的能力有了很大提高。

2. 抽象思维培养

一般来说，一个人表达的逻辑性和受教育程度有很大关系。受教育程度越高，接触到的知识越趋于抽象，对于逻辑和复杂概念的把握能力越强，说话表达的逻辑性就会越强。

3. 多阅读

阅读是一个积累抽象知识的过程，更是提升思维能力的过程。尤其是那些哲学书籍，要求你运用抽象思维，是提升思维能力的有利工具。

遇到需要运用抽象思维较多的书，一定要慢慢读，精读，甚至时不时地回顾已读过的章节，重新整理自己的理解。有逻辑的阅读，是能够一边阅读，一边在大脑中整理出作者表达意思的大框架出来。

4. 写作

人的表达能力也是一个需要训练的过程。在自己表达能力有限、思维不够清晰的情况下，可以先从书面表达开始。书面表达可以给予你足够的时间思考，让你仔细琢磨用词和逻辑严密性。你的书面表达可以是有目的性的写作，比如读书笔记类的评论，或者是对问题的分析，也可以是一般性的对自己生活体验和见闻的总结。

5. 辩论

想进一步提升逻辑思维能力，可以试试参加辩论比赛。这是一个锻炼逻辑思维和逻辑表达的极好方式，一方面赛前的准备工作就是一个梳理自己逻辑和组织语言的过程，另一方面临场的时间压力也可以提升你的反应速度和信心。

6. 少说多听

逻辑思维能力强的人，不见得一定要时刻都反应很快，二者并没有必然联系，所以如果你自己是一个反应速度不太快的人，也不要因此觉得自己就没法成为一个逻辑思维能力强的人。

另外，善于聆听，也能够让你有很多机会去观察他人讲话、做事的逻辑，并且去尝试模仿。比如，你可以一边听，一边在心里默默列出对方表达的主要意思，按顺序排列，甚至可以尝试在表述完之后把听到的东西总结复述出来。

7. 拓宽关注的广度

思考缺少逻辑的人，往往注意力非常狭窄。他们听一段话，读一篇文章，经常只注意到某一句话或某一个词，并且在回应的时候也只是死抠这些细节。思维要有逻辑，你需要学会拓宽自己的注意力广度，在时间和逻辑的维度上都能够广泛关注前后所有的内容，而不只是此时此刻听到的内容。

8.追求多角度思维

对任何一个问题，都不要满足于一个单一的解释。比如心理学学科，有发展、变态、社会、人格、行为、认知、生物、感知、神经等非常多的研究方向。所以任何一个单一的问题，都可以找到很多不同的理解角度。

如果你能养成习惯，对于事物的观察分析也都可以运用至少两个或以上的角度来分析，并且能够区分不同角度之间的优势与劣势，那么你就能更好地认识事物的多面性及世界多样化的本质，也能够避免自己因为单一逻辑而带来思想的偏颇和局限。

当然，无论哪一种方法，最重要的还是要多练习。毕竟，没有人天生就聪明，聪明的人往往更爱动脑，逻辑思维能力的获得更需要练习。我们在平时的生活和工作中也要多观察、多学习、多思考，这样便能成为一个善于思考的聪明人。

学会用辩证的、发展的眼光看问题

生活中，我们看悬疑小说或者侦探电影时会有这样一种体

第 01 章
了解什么是逻辑思维，洞悉成功人士是怎么思考的

会：当我们自认为自己已经确定一件事情的真相后，却发现，原来事情的原委往往并不是这样，其实这是因为我们遵循了某种固定的逻辑而已，并且，绝对正确的逻辑道理是不存在的，当我们遇到任何事的时候，都不要急着下结论，要学会用辩证的、发展的眼光看问题。

我们不妨先来看看下面的小故事：

孔子游历到东方，途中看到两个小孩在争辩着什么，于是走过去询问他们为什么争辩。

其中一个小孩说："我认为太阳刚出来时距离人近，而到了正午时则离人远。"另一个小孩却认为太阳刚出来时离人远，而正午时离人近。

一个小孩说："太阳刚出来时则大得如车的篷盖，但是到了正午时则只有碗口大小了，这不正是远的小、近的大吗？"

另一个小孩说："太阳刚出来时天气凉爽，等到正午时就热得像把手伸进热水里一样，这不正是近的就觉得热，远的就觉得凉吗？"

孔子听了，也无法判断他们到底谁正确，此时，两个小孩说："谁说你多智慧呢？"

博学而多才的孔子在面对两小孩辩论的问题上都不能得出结论，而两小孩在此问题上也是仅凭自己的一些主观感受而得出结论，显而易见，此结论也并非正确。

我们发现，生活中的不少人，在遇到某件事时，总认为自己的思路是对的，认为自己看到的就是真实的，所以在表达时就表现出强烈的主观意识，直到他人一语道破之后才懊恼不已。可能你会问，该如何才能避免这一情况的发生呢？其实很简单，在日常生活中要学会从多方面、多角度思考，还要学会用发展的眼光看问题。

哲学家尼采说："我们不能被人们的心理波动所驱使，错误地判断事物是否重要。"对于这句话，我们看出：对于任何事物，我们都要有自己的思考，要养成凡事不要看表象的习惯，有问题时就要有寻根究源的毅力，然后巧用逻辑思维找到答案。在这一点上，几百年前的伽利略给我们树立了榜样。

17世纪，在科学研究领域内，亚里士多德是被人们奉为神一般的人物，人们将这位两千多年前的希腊哲学家的话当作毋庸置疑的真理，谁要是怀疑亚里士多德，就会受到人们的责备："你是什么意思？难道要违背人类的真理吗？"

亚里士多德曾经说过："两个铁球，一个10磅重，一个1磅重，同时从高处落下来，10磅重的一定先着地，速度是1磅重的10倍。"这句话使伽利略产生了疑问。他想：如果这句话是正确的，那么把这两个铁球拴在一起，落得慢的就会拖住落得快的，落下的速度应当比10磅重的铁球慢；但是，如果把拴在一起的两个铁球看作一个整体，就有11磅重，落下的速度应当比10磅重的铁球快。这样，从一个事实中却可以得出两

第01章
了解什么是逻辑思维,洞悉成功人士是怎么思考的

个相反的结论,这怎么解释呢?

伽利略带着这个疑问反复做了许多次试验,结果都证明亚里士多德的这句话的确说错了。两个不同重量的铁球同时从高处落下来,总是同时着地,铁球往下落的速度跟铁球的轻重没有关系。伽利略那时才25岁,已经是一位数学教授。他向学生们宣布了试验的结果,同时宣布要在比萨城的斜塔上做一次公开的试验。

消息很快传开了。大家根本不信伽利略的实验会成功,认为这是对亚里士多德的亵渎。伽利略在斜塔顶上出现了。他右手拿着一个10磅重的铁球,左手拿着一个1磅重的铁球。两个铁球同时脱手,从空中落下来。一会儿,斜塔周围的人都忍不住惊讶地呼喊起来,因为大家看见两个铁球同时着地了,正跟伽利略说的一个样。这时大家才明白,原来像亚里士多德这样的大哲学家,说的话也不是全都是对的。

伽利略的这个试验再次证明了一点:实践是检验真理的唯一标准。

可以看出,很多人之所以犯了太过绝对、主观意识太强的错误,是因为他们遵循了某种固定的逻辑道理。要避免这一点,我们在说话时一定要多思考、多观察,用实践说话!

善辨多思，将逻辑思维带到观察中

我们已经了解到，一个人的逻辑思维能力如何，直接关系到他对事物的判断、决策，影响到他的表达能力、行动能力。而在思维能力的培养中，良好的观察力是一个人智力发展的重要条件。每个人的观察力不是自然而然形成的，它需要经过长期的观察实践和观察训练。然而，观察力的真正获得是需要运用逻辑思维的力量的，不动脑的观察也是无效用的。

有个调皮的学生，在粉笔盒里放了一条冬眠的蛇，希望给新接班的女教师一个下马威。但那位教师巧妙地将消极因素转化成了积极因素。她待同学们安静下来后，带着余悸平缓地说："据说每位接我们班的新老师，都收到了一份大家赠送的特殊礼物，王老师的灰老鼠、郑老师的大王蜂……而我呢，你们送了一条蛇。"她微微笑了笑，指着那条蛇说："我是第一次这么近看到蛇，刚才还摸到它，着实吓了一跳。不过我觉得捕捉这条蛇的同学挺勇敢，至少有一定的捕蛇经验……我相信，凭你们的能力，不只能做到勇敢，还应该能做出点其他什么，老师相信你们。"

那几个调皮的学生原本等着看"戏"挨骂，却没料到老师还表扬了自己，那可是非常难得的，可不知为什么他们就是高

第01章 了解什么是逻辑思维，洞悉成功人士是怎么思考的

兴不起来，只是呆呆地听老师讲有关蛇的知识。第二天早晨，这位教师又踩着铃声走进教室，一股清香扑鼻而来，她惊喜地看到，讲台上的粉笔盒里插着一束野菊花，教室里鸦雀无声。从此，这个班变了。

女教师从学生的调皮行径中，看到的不是孩子的"无可救药"，而是他们的能力，于是，她的一席话，寓庄于谐，似乎是一本正经地说笑话，却设置了一种心理相容的教育情境，对捣蛋学生进行了耐人寻味的教育，其教育效果是直面斥责和经济惩罚等教育形式难以企及的。

从这里，我们能看出，我们紧盯着事物的不足不一定起到效果，而一反常态，从多角度观察，找到事物的另外一面，则会起到完全不一样的效果。

其实，极富逻辑思维的科学探索也是从观察开始的。英国物理学家法拉第曾说过："没有观察就没有科学，科学发现诞生于仔细的观察之中。"生活中，人们都会观察到"母鸡孵出小鸡"这一现象，可是，如果没有人去思考，没有人像"发明大王"爱迪生那样去孵小鸡，我们今天会用到电热孵化器吗？如果瓦特没有积极思考水壶盖为什么被顶起，又怎么能发明蒸汽机呢？

在英国剑桥大学的卡文迪许实验室，一直坚持这样的规定：每天下午六点整，会有资历深的老研究人员，对在场的所有研究者宣布实验时间已到。如果谁继续做实验，那么，这位

老实验人员就会搬出卢瑟福的话。因为卢瑟福说过："谁未能完成六点前必须完成的工作，也就没有必要拖延下去，倒是希望各位马上回家，好好想想今天做的工作，好好思考明天要做的工作。"卢瑟福的话意味着：在实验前、实验中、实验后都要进行认真思考，从此卡文迪许实验室的人记住了卢瑟福的忠告："别忘了思考！"

在中国的唐代，诗人白居易也曾作出这样的诗句："人间四月芳菲尽，山寺桃花始盛开。"后人在读这两句诗时，都产生了这样的疑问，为何同在四月里，一个"芳菲尽"，一个"始盛开"呢？宋代大科学家沈括刚开始对此也大为不解，直到有一次他登山游历，时值四月，发现山下桃花已谢，而西山上的桃花正在盛开，方才恍然大悟：原来山上山下气候不同，才有此奇观。由此十分叹服白居易的观察力。

可见，人们在不经意地观察中，要善于思考，发现问题、提出问题。正如爱因斯坦所说："学习知识要善于思考，思考，再思考，我就是靠这个方法成为科学家的。"

观察力说到底，就是对一件事物的留心程度，对你身边的每一个人或者事都要细心地去看、去思考，无论它多么常见与平凡，重在引发观察后的思考。

为了将思考带入观察中，你需要做到：

1. 要有目标地观察

2. 仔细、认真、有序

3. 多角度观察

如观察建筑工地上的吊车时,一方面观察它的外部构造,另一方面要观察它如何吊东西;观察苹果时,要从外形、色泽、味道等方面观察。

4. 记观察日记

这样可以掌握事物的发展变化过程。

5. 对类似的事物进行对照、比较

如将苹果和梨放在一起,比较它们的外形、表皮、果肉及味道。

6. 在观察中提出问题

这样可以引导观察的进一步深入,揭示事物的本质。

7. 运用多种感官去感知事物的不同特征,使观察更全面

总之,观察中,你要做到善辨多思。良好的观察品质是善于发现细小的但是很有价值的事实,能透过个别现象发现事物的本质及事物间内在的、本质的、必然的联系,这就要求大家在观察中开动脑筋,积极思考。

惯性思维,往往会导致错误判断

在分析这一问题之前,我们不妨来看看下面的生活场景:

在客厅正中间,挂着一个漂亮的鸟笼,很显眼,过不了几天,主人一定会做出下面两个选择中的一个:把鸟笼扔掉或者

买一只鸟回来放在鸟笼里。过程很简单，设想你是这房间的主人，只要有人走进房间，看到鸟笼，就会忍不住问你："鸟呢？是不是死了？"当你回答："我从来都没有养过鸟。"人们会问："那么，你要一个鸟笼干什么？"最后你不得不在两个选择中二选一，因为这比无休止的解释要容易得多。

为什么会出现这样的现象？原因是人们绝大部分的时候是采取惯性思维而不是逻辑思维。

那么，什么是惯性思维呢？惯性思维，也称"思维定势（ThinkingSet）"，是由先前的活动而造成的一种对活动的特殊的心理准备状态或活动的倾向性。在环境不变的条件下，定势使人能够应用已掌握的方法迅速解决问题。而在情境发生变化时，它则会妨碍人采用新的方法。消极的思维定势是束缚创造性思维的枷锁。看似是在借助于概念、判断、推理，以反映现实的逻辑思维，实际却往往只是习惯性地因循以往思路来进行思考的惯性思维。

有一个学者给他的学徒们讲了一个故事：

五金店里面来了一个哑巴，他想买一个钉子。他对着服务员左手做拿钉子状，右手做握锤状，用右手锤左手。服务员给了他一把锤子。哑巴摇摇头，用右手指左手。服务员给了他一枚钉子，哑巴很满意，就离开了。这时五金店又来了一个盲人，他想买一把剪刀。这时，学者就问：这个盲人怎样以最快捷的方式买到剪刀呢？一个学徒说，他只要用手作剪东西状

第01章
了解什么是逻辑思维，洞悉成功人士是怎么思考的

就可以了。其他学徒也纷纷表示赞成。学者笑着说，你们都错了，盲人只要开口讲一声就行。学徒们一想，发现自己的确是错了，因为他们都用惯性思维思考问题。

惯性思维，不仅会导致错误判断，更大的危害是使人身处险境却浑然不觉。

有一天张先生独自在家，突然"咚咚咚"有人敲门，张先生去开门，发现没有人；再过一会儿，"咚咚咚"有人敲门，张先生去开门，发现没有人；再过一会儿，"咚咚咚"有人敲门，张先生去开门，发现没有人；如此反复了四五次，当门上再次响起"咚咚咚"的时候，张先生已经上床准备睡觉了，于是他便没有起来开门，而是自顾自地睡着了。

第二天，张先生发现房间被偷空了……

故事中的张先生犯的就是惯性思维的错误。同样，我们在说话中，如果被惯性思维束缚的话，也会出现逻辑混乱、啼笑皆非的情况。那么，我们该如何在说话时破除惯性思维呢？

的确，能够把人限制住的，只有人自己。人的思维空间是无限的，像曲别针一样，至少有亿万种可能的变化。同样，我们在表达中，也可以打破常规思维，寻求新的突破。

因此，有时候，当我们正处于一个看似走投无路的境地，或者我们正囿于一种两难选择之间时，我们一定要明白，这种

境遇只是因为我们固执的定势思维所致，破除思维定式，就能跳出困境，找到出路。

严谨的逻辑思维，是成功的前提

提到成功，也许每个人心中，都有一个伟大的梦想，但成功并不是一蹴而就的，没有人能随随便便成功，这就要求你形成周密的逻辑思维习惯，以思维指导行动。若思维没有逻辑性，做事就缺乏条理，做事的同时又想把蛋糕做大，这是不可能的。只有步步为营、严谨行事，才能做到更有条理、更有效率。缺乏逻辑思维的人由于办事不得当、没有计划、缺乏条理，因而浪费了精力后还是无所成就。

的确，如果思虑不周全，就好比一个机器上的关键零件出问题，那就意味着全盘皆输。中国古代有这样一个故事：

临近黄河岸边有一片村庄，为了防止水患，农民们筑起了巍峨的长堤。一天，有个老农偶尔发现蚂蚁窝一下子猛增了许多。老农心想：这些蚂蚁窝究竟会不会影响长堤的安全呢？他要回村去报告，路上遇见了他的儿子。老农的儿子听后不以为然地说："那么坚固的长堤，还害怕几只小小蚂蚁吗？"随即拉着老农一起下田了。当天晚上风雨交加，黄河水暴涨。咆哮的河水从蚂蚁窝开始渗透，继而喷射，终于冲决长堤，淹没了沿岸的大片村庄和田野。

这就是"千里之堤，溃于蚁穴"这句成语的来历。在我们的工作和实践中，也常常出现因为忽略一些细节问题而导致"满盘皆输"的后果。这给所有缺乏逻辑思维、做事不严谨的人们敲响了警钟：忽略细节容易导致功亏一篑。当然，做好生活中的每一件小事也并不容易。

曾经，有位管理专家一针见血地指出，从手中溜走1%的不合格，到用户手中就是100%的不合格。为此，员工要自觉地由被动管理到主动工作，让规章制度成为每个职工的自觉行为，把事故苗头消灭在萌芽之中。也曾有位商界名家将"做事没有条理"列为许多公司失败的一大重要原因。

"凡事预则立，不预则废。"大到国家，小到个人，做事时都必须要有计划性，只有做到缜密行事、步步为营，才能让成功多一份胜算。大凡要把一件事情做好，一般都要经历资料收集、深入调查、分析研究、最终下结论这样一个过程。因此，大凡成功者，都有缜密的逻辑思维，同样，对于生活中的我们来说，在训练自己的思维习惯时，一定要反复思考，思维要有远见，这样才能提升成事的可能性。

拿破仑是一位传奇人物，这位军事家一生都在征战，曾多次创造以少胜多的著名战例，至今仍被各国军校奉为经典教例。然而，1812年的一场失败却改变了他的命运，从此法兰西第一帝国一蹶不振，逐渐走向衰亡。

1812年5月9日，已经在欧洲大陆上取得辉煌战绩的拿破仑带领他的60万大军离开巴黎，顺势挥戈至遥远的俄罗斯。

法军因为有着先进的武器、娴熟的作战技巧，很快，他们就长驱直入、直捣莫斯科城。然而，当法国人入城之后，市中心燃起了熊熊大火，莫斯科城的四分之一被烧毁，6000多幢房屋化为灰烬。

不过，很快俄国沙皇亚历山大一世就采取了坚壁清野的措施，这样，位于莫斯科的法军因为远离本土，很快陷入了粮荒的困境中，即使是整个俄罗斯的中心——俄罗斯城，也找不到能让他们存活下来的粮草，大量的军人和马匹被活活饿死或者冻死，许多大炮因无马匹驮运不得不毁弃。几周后，寒冷的天气给拿破仑大军带来了致命一击。在饥寒交迫下，1812年冬天，拿破仑大军被迫从莫斯科撤退，沿途大批士兵被活活冻死，到同年12月初，60万拿破仑大军只剩下了不到1万人。

拿破仑一直是能征善战的代表，但却兵败莫斯科。这场战役失败的原因，众说纷纭、莫衷一是，但是也许人们根本没有料到竟是小小的军装纽扣起着关键的作用。原来拿破仑征俄大军的制服，采用的都是锡制纽扣，而在严寒天气下，锡制纽扣会发生化学反应成为粉末。由于衣服上没有了纽扣，数十万拿破仑大军在寒风暴雪中形同敞胸露怀，许多人被活活冻死，还有一些人得病而死。

拿破仑的失败,验证了人们常说的"细节决定成败"。细节就好比是精密仪器上的一个细微的零部件,虽然只是一个细小的组成部分,但是却起着重要的作用,一旦这个"零部件"出错,那就意味着全盘皆输。

因此,无论做什么事,为了增加成功的可能,我们都要运用缜密的逻辑思维,为此,我们需要做到:

1. 要勤于思考

思维的力量是巨大的,但人的大脑就如同一台机器,长时间不使用,它的工作能力就会下降甚至不适用。因此,要有智慧,就要有一颗善于思考的头脑。真正的"有头脑",指的是善思考、勤实践,有思想、智慧、远见、卓识和才干。一个人虽然长着脑袋,但若不善用脑袋,没有思想、智慧、远见、卓识和本领,是不能算有头脑的。

2. 制订完善的计划和标准

要想把事情做到最好,你心中必须有一个很高的标准,不能是一般的标准。在决定事情之前,要进行周密的调查论证,广泛征求意见,尽量把可能发生的情况考虑进去,以尽可能避免出现1%的漏洞,直至达到预期效果。

3. 做事要有条理、有秩序,不可急躁

急躁是年轻人的通病,但任何一件事,从计划到完成,总要有时机的成分,也就是需要一些时间让它自然成熟。假如过于急躁而不甘等待的话,经常会遇到破坏性的阻碍。因此,无论如何,我们都要有耐心,压抑那股焦急不安的情绪,才能成为真正的智者。

可见，每一刻都是关键，都能影响生命的过程。在下决心之前，不需要太急促，遇到重要问题时，如果没有想好最后一步，就先不要迈出第一步，要相信总有时间思考问题，也总有时间付诸行动，要有等待计划成熟的耐心。但一旦做出决定，就要像斗士那样，忠实地去执行。

第02章

遵循语言逻辑,话才能说得让人心悦诚服

我们都知道,人类沟通最直接的媒介就是语言,生活中,我们也时刻会用到语言,而现代社会,世界竞争日益激烈,口才的重要性已经毋庸置疑,可以说,是否会说话一直是决定我们生活质量高低及事业优劣成败的重要因素。不过,会说话的一个重要标志就是说话富有逻辑。说话富有逻辑,才能流利表达出自己的意图,把观点阐述得有条有理,一丝不乱,使别人心悦诚服地接受。而这要求我们在平时的言语中多加注意,注重思维逻辑的训练,做到该说的说,不该说的不说,说之前要想好,时间长了,自然就能练就出一副让人羡慕的好口才。

逻辑思维

缜密的逻辑思维在语言中尤为重要

我们都知道,在人际交往中,人与人之间沟通的主要方式是语言,尤其是口头语言。然而,在现实生活中,我们却发现,有不少这样的人,他们说话时表面上滔滔不绝,实际上却缺乏逻辑性,而又不注重逻辑思维的训练,所以导致说话思维混乱、条理不清晰、前言不搭后语。说出的话不但对方听不懂,就连自己理解起来也感到吃力,还影响到人际关系。

为此,我们有必要学习逻辑说话,这是一种简单易懂的说话方式,是学习说话的基础方式,主要从逻辑思维的角度入手,帮助我们提升简单易懂说话方式的基本技巧等。

一天,一个男人来找他的律师,他说他要和他的妻子离婚,不过他承认,他的妻子很漂亮,也是个好厨子和模范母亲,接下来,是这个男人和律师的对话。

"那你为何还要离婚?"他的律师问。

"因为她一直在说,说个不停。"男人答。

"那她都说些什么呢?"律师问。

"这就是问题,她一直说,但我从来都没搞明白她在说什么。"男人说。

其实,在生活中,也有不少人在这一方面让听者感到厌烦，虽然他们一直不停地在表达观点，但是就是说不清楚，也从来未能将他想表达的意思表达清楚。之所以出现这样的情况，就是因为他的语言缺乏逻辑性。而那些口才好的人，都能在说话时做到步步为营、思维缜密、滴水不漏，更能做到旁征博引，言语间尽显威严和自信。

不得不说，在现实生活中，很多时候我们不是不会说，而是不会思考，尤其是逻辑思维能力不足，想不明白自然也就说不清楚。而有了比较条理化的思维，你才会让自己的语言更加条理化。

接下来，我们看看缜密的逻辑思维在语言中的重要性。有这样一个案例：

小刘是刚到公司的新员工，但似乎有点小偷小摸的坏毛病。

这天，当大家下班后，小刘还想在办公室上一会儿网。正巧，他看见了主任办公室的门还开着，好奇心使他悄悄地进去看了一下。巧的是，办公桌的抽屉也没有上锁，里面放着厚厚的一叠钱。面对金钱的诱惑，小刘还是没能抵挡得住。于是，他顺手牵羊，拿走了几张百元大钞。并且，他很有自信地认为，没有人会发现。

但实际情况并不是如此，第二天一大早，主任就在办公室嚷嚷起来了："你们谁偷了我办公室的钱？办公室怎么还有这样偷偷摸摸的人啊……"但没有一人承认。其实，主任也听说小刘的手脚不大干净，但没有证据，也不能说什么。这时，主任秘书小王想到了一个主意，能看出钱到底是不是小刘偷的。

下班后，小王看见小刘要离开公司，赶紧追上去问："今天下班去干什么呀？不回家陪女朋友？"小王故意试探性地问。

"她在老家呢，不需要我陪。"

"哦，对了，刘主任的钱被偷了，你知道吧，也不知道谁干的，每个人好像都有不在场的证据，我昨天和刘主任一起出的门，周大姐也说跟你一起下班的，真不知道是谁干的。"小王在说这些话的时候，偷偷看了一下小刘的反应。果然，小刘很慌张地接过话茬："是啊，周大姐还跟我一起去喝了杯东西呢。"

"嗯，周大姐也说是你请他喝了一杯柠檬水……"小王就和小刘这么聊着聊着一起离开了公司。

后来，快分开的时候，小王突然问："小刘，昨天你和周大姐喝的什么呀？"

"苹果汁啊，我最爱这个了。"小刘随口一答，说完，他才发现自己说错了。

秘书小王让偷钱人小刘不打自招的秘诀在于：他编造出了周大姐这个中间人，故意为小刘制造出一个不在场的证据，而当小刘对自己放松警惕时，他再问这个问题时，小刘却回答错了。为什么会这样呢？因为小刘在圆谎时，根本没注意到一个细节问题——这杯饮料到底是什么？而这一点，正是小王设下的一个圈套，当小王再提到这个问题时，他的第一反应是回答出了自己最爱喝的饮料，而很明显，他是不打自招，可以说这就是逻辑思维上的疏漏，百密一疏，只好不打自招了。

当然，人的表达能力也是一个需要训练的过程。在自己表达能力有限，思维不够清晰的情况下，可以多看、多听、多写，而不必急于一时地说，这样能给自己足够的时间思考，让你仔细琢磨用词和逻辑严密性。

任何一个逻辑表达能力不足的人，都要在日常生活和工作中着力培养自己的逻辑思维能力和语言表达能力，也就是掌握说话逻辑，以此提升说话水平。

什么是言语链

我们都知道，口才是建立在语言这一媒介上的，有"语言"就有"言语"，但二者却是不同的概念。在我们的日常生活中，听、说、读、写借助的工具就是语言，语言是由词和句子按照一定的规则组织在一起的，我们想要表达逻辑思维时，也要借助它。而言语呢？言语是"产生某一语言的一连串有意义的语音的过程或结果"，通俗点来说，言语就是人们运用语言说话或者书写的过程。言语被我们总结为一个动态的过程，所以也就产生了言语链。

那么，什么是言语链呢？

言语由说话者的大脑开始产生逻辑思维，然后向自己的舌头、嘴唇等发出命令，于是产生了声波，然后表达出来。作为听者，他先开始由耳朵接收声波，再通过神经系统传递给大脑，再经过大脑的加工，形成自己的思维逻辑。

从形式上看，语句是构成这条链的链环，随着一个语句接着一个语句地连续出现，言语链则一环一环地不断延伸。

人与人在沟通的过程中，说话者假如需要对之前的语句进行整理、重述，或者给出新的含义，那么就有了下一语句的出现。从这一方面来说，在某一句特定的话中，也就有特定的言语链，也就有了一条连续不断的提供关于某一事物信息的传输带。从这里，我们看到了言语链的延伸特征，决定了言语链中下句的根本任务即在对上句的所述内容作出新的说明。

进入言语链的语句，都处于一定的语言序列中，而其中作为下句的语句则必须与上句连贯，也就是要有语义上的关联。

其实，我们可以说，言语链这个信息传递的过程，其实是语言、生理、心理三个层面进行多次转换形成的。按照现代控制论的观点，言语链实际上是一个信息反馈和传输的过程，具体来说，包括以下几个方面：

1. 信息传输

这一过程全部是由说话者完成的。说话者通过声波将自己存储于头脑中的信息发送出去。不过，提及言语，涉及的因素就太多，有语音、语义还有语境背景等方面，因此，相对于单一的电讯传输系统来说，也就复杂得多。

另外，我们还要提到一个概念，也就是对所传播的信息所含的信息量及其有效性的分析。举个最简单的例子，当我们问及对方"您贵姓"的时候，虽然对方只回答了一句"姓王"，但其实这就是最大的信息量；相反，有时候，即便是你洋洋洒洒说了很多，没有一句是对方想听的，那就是小信息量。

所以，言语交际中，我们应该遵循的一条重要的交谈原则是，用最少的话传递最大的信息量。

2. 信息反馈

言语交谈中，要看说话者所发送出去的信息效果如何，最重要的还是要看听者的接收情况，这个过程就是信息反馈。此处，我们说的反馈，包括言语反馈和非言语反馈。听者发出的信息反馈能让发话人了解自己发送出去的消息是否达到了目的，以便调整或者改变自己的信息。

就信息反馈而言，这个过程中，说话者和听者的身份又会进行对调，因为当听者反馈后，开始时的发话人又成了信息的接收者，这样就形成了相互间的信息反馈。

3. 语言反馈

这里的语言反馈可分为外部语言反馈和内部自我反馈两种。前者是指说话者和听者之间进行的信息反馈，而后者则是发生在说话者自身的反馈，是一种自我监听，如果说话人说话时认识到自己可能要说出口或者已经说出口的话有所不妥时，就是在做自我内部反馈。如果话还没说出口，则是隐性自我反馈，假如已经说出口而再做出改变，则是显性自我反馈。

在生活中的很多言语交谈活动，比如谈判中，往往是各种信息反馈形式交叉进行，过程相对复杂得多。

4. 倾听

在说话者和听者之间的信息传达，就必须要借助于"倾听"这一活动，所以，"倾听"是反馈的前提条件。这里的"倾听"，不是随便听，而是全身心地、投入谈话过程中的听。

"倾听"整个过程包括：信息的接收、选择、组织和解释四个步骤，然后发出相应的反馈信息。这一过程主要是听和想，而不是听和说，所以需要花费的时间也就相对较少。

不过，此处我们要提醒的是，要想真正有效地倾听，就不能"傻"听，而应该带着第三只耳朵听，也就是要学会听出他人所说的弦外之音，还要学会从对方的衣着、微动作，甚至是眼神中读懂对方想让你获得的信息，这才是全面的倾听。

5. 理解

言语传达的过程，主要是通过言语的方式，发出具体的语义信息，由听者倾听并作出反馈的过程。假如这一过程顺利的话，我们称为"成功沟通"，而假如被干扰，就称为"阻断"。要想减少或者避免阻断情况的出现，就需要理解，这是沟通的关键。

要做到言语的理解，就要透过言语表情，达到深层次的向逻辑平面的转换。而人们之所以产生思维上的混乱，也是因为词语误解造成的。

所以，要真正理解言语中表达的词义和句义，最重要的还是要搞清楚言语背后是什么概念，这样，即便沉默，也能达到默契的沟通效果。

言语链是表层结构，而逻辑链是深层结构

在生活中，我们发现，人们在沟通中，很多情况下，即便没有将完整的句子表达出来，人们也能听懂，这是因为听者能运用逻辑分析、洞悉其中的逻辑关系。这就告诉我们，运用逻辑分析的方法，不但能对停留在表面的话进行语义分析，而且能将已经表达出来的逻辑链和隐藏的部分进行有机联系，所以，隐藏部分也就被解释出来了。逻辑分析的着眼点是对思路进行分析，而语法则是进行语表分析，这是它们之间最大的区别。

那么，具体来说，我们该如何透过言语揭示逻辑链呢？

实际上，任何一个言语链都有与之相对应的逻辑链，言语链是表层结构，而逻辑链则是深层结构，我们必须且只有运用逻辑推理的方法才能对表层与深层的含义进行解释。我们先来看看下面的一则故事：

有一位青年王某，他答应为女友办一件事，但是却没办

成,为此,他感到十分愧疚。这天,他来到女友家,希望能求得女友的原谅:"是我不好,你不会恨我吧?"

女友很淡定地答道:"怎么会呢?只有爱才会有恨。"

听到王某女友的回答,或许你会为王某感到高兴,因为你会认为他的女友并没有恨他,但其实不然,他的女友话里有话,她的言下之意是,她从未爱过青年王某。为此,王某深感悲痛。

我们仔细分析一下,就能找到王某女友话中深层次的逻辑链,在这段话背后,暗含了一个必要条件假言推理:

只有爱,才会有恨。(第二句话)

没有爱。(隐含语)

所以,也就不会有恨。(也就是女友说的:"怎么会呢?")

我们能就这一推理列出公式:

只有 p,才有 q。

非 p,

所以,非 q。

在逻辑学上,对一个必要条件进行假言推理,可以通过否定前件(非 p)来推出一个否定后件(非 q)的结论。这里,王某女友只说了两句话:"怎么会呢?"和"只有爱才会有恨",但恰巧是这两句话才是推理中的结论和大前提,省略的是中间的小前提,而王某听完这句话后立即听出了话外音——"女友对他没有爱"。这也就是隐藏的小前提,这也就是王某悲痛的原因了。

实际上，对暗含的语义的分析，涉及更深层次的思维机制。我们若想了解人在说话时的思维活动，其实无论对于说话者还是听者来说，都需要运用思维活动，需要进行分析和判断。这一过程，其实也就是对信息的处理和加工的过程。

可见，我们若要揭示出一个言语链背后深藏的逻辑链，要把隐含的部分从明言部分挖掘出来，就必须运用逻辑推理和分析的方法。如果判断层次较多的话，我们还要进行更为复杂的分析，才能作出准确的判断。接下来，我们举例分析：

A 问："假如两天前是星期六的前一天，那么，后天是星期二，对吗？"

B 想了想之后，回答："是的。"

此处虽然只是一个简单的对话，但却需要说话者和听者双方经过一定的逻辑思维过程。其中，B 在回答时要思考，要进行层层的逻辑推断，否则，他就无法判断出 A 说的话是对是错。他的思路是，根据 A 的发话，进行一番连锁式的推理，具体来说，这一推理过程是：

假如两天前是星期六的前一天，那么，今天往前的前两天是星期五。

如果今天往前的第二天是星期六，那么，今天是星期日。

如果今天是星期日，那么，后天就是星期二。

所以，"两天前是星期六的前一天，那么，后天是星期二。"这句话是对的。

很明显，这也是一个假言连锁式推理。前三句都是 A 隐含的前提，也是 B 必须要进行逻辑推理的过程。后面一句是 A 直接说出来的话，也是 B 在揭示出隐含前提下得出的结论。

上面 B 的推理过程，虽然看似简单，但只要他在一个环节上出现了失误，就会导致整个推理结果的失败。

所以，人际交往中，当我们在与人交谈时，必须要学会以对方说出的明言为条件，然后准确地揭示出明言背后隐藏的思维层次。也就是我们要在已知的信息条件的基础上，进行逻辑推理，以此得到我们想要的答案。

现实生活的交谈中，并不是所有的含义对方都会直接表达出来，更多时候，需要我们进行逻辑推理，这一过程，也就是从言语链中揭示逻辑链的过程。

说话没逻辑就会颠三倒四

在日常生活中，我们都希望自己拥有出众的说话能力，能在三言两语之间将自己的话表达清楚，让对方心领神会。但是训练口才的第一步是训练自己的逻辑思维能力，只有开口有逻辑，才能表达清楚、主题明确、娓娓道来，对方也才会接纳你的想法和观点。反之，如果没逻辑，就会导致语言颠三倒四、杂乱无章、前后不一，就会陷入"听者听不明白，说者气急败坏"的地步。

我们先来看下面的片段：

下面是一家餐厅里的经理和服务员的对话。

经理："前几天说要定位子的客人，一共有几位，今天有没有打电话？"

服务员："刚准备打，就有查询电话打过来。"

经理："你的意思是，是之前预约的客人打来的，是吗？有几位？"

服务员："不知道。"

经理："怎么会不知道？客人不是打了电话吗？"

服务员："不，是别的客人。"

经理："那你的意思是，还没打是吗？"

服务员："是的。"

经理急了："天哪，那你为什么不早说？"

这一对话中，如果我们是这家餐厅的经理，大概要被这位慢吞吞的服务员给急死。很明显，一开始，他就不知道经理想要了解的是什么，然后他就按照自己的逻辑顺序开始说了，所以整个回答就颠三倒四的，显得很没有逻辑。

当然，在说话时，谁都希望自己能有条理地组织自己的语言，而听者的要求也是如此。如果言者讲得混乱，听者听得迷糊，那听者就很难正确理解说话者的意图。

对此，我们再来看看下面的故事：

这天，一对情侣从电影院出来，针对刚才看的悬疑片进行讨论。

女人问："你觉得这部电影怎样？"

男人回答说："呃，我觉得实在不怎么样，简直是胡诌嘛！观众又不是傻子！这样的故事谁会信？简直太不真实了，那个男人太坏了，不过倒霉的是喜欢他的那个女孩，这么好的女孩子，唉，可惜了。那个警察真不行，实在太笨了，要是我们生活里的警察都那样，那社会还不乱套了。不过情节确实有点迷惑性，刚开始我还以为修锁匠是杀人犯呢……"

这里，也许正如故事中的男人所说的那样，电影是胡编乱造的，可是男人的话也是说的糊里糊涂、不明不白，甚至有些自相矛盾。

其实，任何人，无论是做事还是说话，都有一定的目的，我们说话时，我们的目的也决定了我们要表达的意思，我们只有在表达时做到目的明确、中心意思确定，开口之后才不会颠三倒四，才能做到有条有理，才能解决说话的集中性、连续性和条理性的问题。生活中无论简单说话也好，还是复杂说话也好，都要有条有理，要言多不繁。

不得不说，说话没有条理的人常让人产生不信任的感觉，他们常因为轻率的言语将人引入信口开河、离题万里的泥潭。

说话没有组织、与人交流毫无逻辑可言，反映出一个人思维的混乱，这样的人，也不会有人愿意跟他打交道。

另外，想要说话有条理、有逻辑，首先要具有敏锐的观察力，能深刻地认识事物，只有这样，说出话来才能一针见血，并准确无误地道出事物的本质；其次，思维能力一定要严密而有逻辑，懂得怎样分析、判断和推理，如此才能把话说得有理可循、有条不紊；最后，还要具备流畅的表达能力，知识渊博、谈资范围广，才能把话说得生动有趣。

在日常生活中，我们遇到的人和事很多，用一句话是表达不清楚的，你得说一段中心明确、条理清楚、内容充实的话。

想让说话有逻辑，最起码我们要做到：

1. 说话的形式要有逻辑

例如对于有不同分论点的一整段话，采取并列式或者递进式的方式罗列分论点；又如先叙事后评论，或者先评论后叙事再评论，在叙事的过程中，尽量不要夹带过多的评论，而使得话听起来很破碎。

2. 说话的内容要有逻辑

在说话之前已然明白自己说话的目的和想要表达的结论，才能在整体上有把握，为了说明结论而组织语言，而不是想到哪说到哪。这样才不会在说话过程中混入过多无关的言语，从而使得说话显得更清晰更有逻辑。

3. 说话的方式要恰当

通过使用复杂的长句来说话，会显得很有逻辑。但是，对方理解复杂的长句是需要一定的能力的，理解得不够则会影响说话表达的效果。所以在追求效率的现代社会，我们开口说话一定要多用干练的短句，这才是说话的好方式。

4.说话时的语调、表情、肢体语言等要恰当

通过不同的语调或肢体语言等，在说话时可以产生不同的表达效果。表达效果的好与坏本身并不影响说话的逻辑，但是不恰当的语调或者过于酷炫或喧宾夺主的肢体语言，会淹没语言本身，影响表达，进而显得说话不够有逻辑性。

总之，每个人都应该具备良好的语言表达能力和逻辑思维能力，这样在说话时才更有逻辑性。那种模棱两可、含混不清、词不达意、空话连篇、不着边际的语言表达是大忌。

说话前后不一，只会让我们陷入自相矛盾的境地

在逻辑学中，有一条著名的矛盾律。所谓矛盾律，实际上是禁止矛盾律或不矛盾律。矛盾律的基本内容是：在同一思维过程中，两个互相矛盾或反对的思想不能同时是真的。或者说，一个思想及其否定不能同时是真的。

矛盾律的公式是：并非（A而且非A）。公式中的"A"表示任一命题，"非A"表示与A具有矛盾关系或反对关系的命题。因此，"并非（A而且非A）"是说：A和非A这两个命题

不能同真，即其中必有一个命题是假的。

矛盾律的主要作用在于保证思维的无矛盾性即首尾一贯性。而保持思想的前后一贯性，乃是正确思维的一个必要条件。矛盾律要求对两个互相矛盾或互相反对的判断不能都肯定，必须否定其中的一个。否则，会犯"自相矛盾"的错误。

从矛盾律中，我们也能得出一点，在日常生活和工作中，我们说话时，一定要注意逻辑，说话前后不一，只会让我们陷入自相矛盾的境地。

比如，我国战国时代的思想家韩非子曾经讲到过这样一个故事：

有一个卖矛（长矛）和盾（盾牌）的人，先吹嘘他的盾如何的坚固，说："吾盾之坚，物莫能陷"。过了一会，他又吹嘘他的矛是如何的锐利，说："吾矛之利，物无不陷"。这时旁人讥讽地问："以子之矛，陷子之盾，何如？"卖矛与盾的人无言以对了。

因为，当他说"我的盾任何东西都不能刺穿"时，实际上是断定了"所有的东西都不能够刺穿我的盾"这个全称否定命题；而当他说"我的矛可以刺穿任何东西"时，实际上又断定了"有的东西是能够刺穿我的盾的"这一特称肯定命题。这样，由于他同时肯定了两个具有矛盾关系的命题，因而也就出现了自相矛盾的情况。

我们再来看看下面的故事：

一个年轻人对大发明家爱迪生说："我有一个伟大的想法，那就是我想发明一种万能溶液，它可以溶解一切物品。"

爱迪生听罢，惊奇地问："什么！那你想用什么器皿来放置这种万能溶液？它不是可以溶解一切物品吗？"

这里，为什么这个年轻人被爱迪生问得哑口无言呢？因为他的想法包含了逻辑矛盾。因为他一方面承认"万能溶液可以溶解一切物品"，另一方面又承认"存放这种溶液的器皿是万能溶液所不能溶解的"，这两个判断是互相矛盾的。

某村子里有个理发师，他规定：在本村我只给而且一定要给那些自己不刮胡子的人刮胡子。请问：这个理发师给不给自己刮胡子？

那么，你可能会产生疑问，这里，理发师给不给自己刮胡子呢？只有两种情况：不给自己刮，或者给自己刮。

如果理发师不给自己刮胡子，那么按照他的规定（我一定要给那些自己不刮胡子的人刮胡子），那么他就应该给自己刮胡子。这就是说，从理发师不给自己刮胡子出发，必然推出理发师应该给自己刮胡子的结论，这本身就构成逻辑矛盾。

如果理发师给自己刮胡子，那么按照他的规定（我只给那些自己不刮胡子的人刮胡子），他就应该不给自己刮胡子。这就是说，从理发师给自己刮胡子出发，必然推出理发师应该不给自己刮胡子的结论，这本身也是一个逻辑矛盾。

从语言方面看，在遣词造句时，如果把相仿的两个词同时赋予同一个助语，就会发生文字上的矛盾，而这一情况被运用到日常的人际沟通中，也就发生了语言上的逻辑矛盾。接下来，我们再看看下面几个例句：

把反义词同时赋于同一主语，那就会发生文字上的矛盾。这种文字上的矛盾也必然会导致思想上的逻辑矛盾。

（1）"这里是遥远的祖国的边疆，却又紧紧联系着祖国的心脏。"

（2）有人说："信念是一种坚定不移的观念，那么，世界上到底有没有信念这类的东西？答案是没有。"

（3）古希腊哲学家赫拉克利特的学生克拉底鲁说："我们对任何事物所作的肯定或否定都是假的。"

（4）"在海外，我是个穷人家的孩子，当时不必说读书，就连日常生活都不能维持。我爸为了一家人的生活，替资本家做苦工给折磨死了。爸死以后，我就没有书读了。"

（5）"要写好这部戏，确实有很大难度，我们几个人都未曾从事过文艺创作工作，老李虽然之前写过几篇小说，但他也是第一次写戏，不过我们坚信自己能完成任务。"

上面几个例子中，很明显都犯了前后矛盾的错误，这里不必一一细说、分析。然而，在我们的生活中，不少人在说话时也是漏洞百出、前后不一，给他人留下话柄。

当然，我们在说话时，要想避免出现这样的逻辑错误，就要在平时注重逻辑思维的训练，并养成验证语言的习惯，这样，久而久之，就能提升语言的逻辑性。

连接词，能使语言逻辑更连贯

相信生活中的每个人都希望自己能在人际交往与沟通中谈笑风生。口才好、表达能力强的人往往更易获得他人欢迎，也更易开展自己的事业，进而成就自己的人生。其实，好口才的获得也并非难事，说话有条理，逻辑思维是其中的根本所在。

如果说话有条理、有逻辑，说出的话自有妙趣横生的魅力，这能帮助你扩大工作圈和社交圈。如果在社交场合中你能将想法行云流水般顺畅而恰到好处地表达出来，那你的吸引力将得到极大提升。切记，说话要有头有尾、对听者要懂得尊重，不要一开口就冒出一句使人摸不着头脑的话。

前面我们已经分析过，在言语的深层次中蕴含着逻辑关系，把握这层逻辑关系，能让我们在开口表达时清晰明朗。这其中，我们需要借用连接词，通过连接词，我们也能考虑到说话内容的先后顺序，能让我们明白先说什么、再说什么、最后说什么，能让我们在开口前谨慎思考，这样，我们说出来的话才更有条理。

我们先来看看下面的故事：

第 02 章
遵循语言逻辑，话才能说得让人心悦诚服

在一次同学聚会上，一位已小有成绩的同学被大家推举起来讲两句话，该同学清了清嗓子说："我还记得10年前大家都还稚气未脱，转眼已是人到中年了，那时候真开心啊，我成绩不大好，现在混得还不错，有些同学虽然学习刻苦，毕业工作了就一般了。人生苦短，岁月如梭，我们也快老了，我现在过得还不错，今天怎么还有很多同学没到呢，太不给面子了……"

听完这段讲话，大概我们都会感到云里雾里，不知道这位同学想要表达什么，很明显，他的话缺乏逻辑。

的确，一般来说，事情都遵循发生、发展和结束的过程，而其中的各个不同阶段又有时间和空间的差异。我们在表述一件事时，也要找到顺序，依次说明，如此说话才能滴水不漏、杂而不乱。

把话说得到位、有条理是大智慧。而话语是否有连贯性，很重要的一点是连接词的使用，为此，我们有必要把学习连接词列为逻辑说话术学习的重要内容。

另外，我们在说话时，要做到有逻辑性，就需要注意前后语之间的衔接。一句话合不合适，是否能取得很好效果，不仅取决于谈话的对象、目的、场合、心境，也取决于"上下文"的关联。如果与别人说话时没有注意语言的"上下文"是否配合照应，那么，听话人就无法辨别表达者究竟表达了哪一种思想，容易引起理解上的歧义。因此，谈话时要周密安排对话，

要做到有条有理、上下协调。

所谓连接词，是用来连接词与词、词组与词组、句子与句子或表示某种逻辑关系的虚词。连词可以表并列、承接、转折、因果、选择、假设、比较、让步等关系。我们可以将连接词进行以下分类：

并列连词——和、跟、与、同、及、而、况、况且、何况、乃至等。

承接连词——则、乃、就、而、于是、至于、说到、此外、像、如、一般、比方等。

转折连词——却、但是、然而、而、偏偏、只是、不过、至于、致、不料、岂知等。

因果连词——原来、因为、由于、以便、因此、所以、是故、以致等。

选择连词——或、非……即……、不是……就是……等。

假设连词——若、如果、若是、假如、假使、倘若、要是、譬如等。

比较连词——像、好比、如同、似乎、等于；不如、不及；与其……不如……、若……则……、虽然……可是……等。

让步连词——虽然、固然、尽管、纵然、即使等。

成语中也有使用连词的情况，如：宁缺勿滥、三思而行、好整以暇等。

连词是比副词、介词更虚的一个词类，它用来连接词、短语、分句和句群乃至段落，具有纯连接性，没有修饰作用，也不充当句子成分。

一般来说,连词有很多是由副词、介词发展而来的;很多副词、介词又是由动词发展而来的。

总之,我们要想把话说得有条有理,连接词有很大的妙用,掌握连接词的使用,能帮助我们在生活中增强语言的运用能力。

运用逻辑推理,逐步将对方带到你的语言陷阱中

我们都知道,在现代社会,说话是一种生存和交流的艺术。有些人在说话的时候,尽管洋洋万言、滔滔不绝,却漏洞百出,让听者失去兴趣。而会说话的人,往往能够在三言两语之间就能给别人的心灵以震撼,给灵魂以启迪,让对方在心悦诚服之际接受自己的意见和建议。我们要想在社交场合立于不败之地,就要练就滴水不漏的说话本领;而我们要想让说出的话无懈可击,就要懂得运用逻辑推理法,逐步将对方带入我们设置的语言陷阱中,这样就能达到我们说话的目的。

一个周六的早上,老年保健仪器推销员小李敲开了某客户林先生的门,开门的正是林先生。

进门以后,小李扫视了一下客厅。整个客厅,都有种古色

古香的感觉，还挂着很多字画。很快，他就找到了与林先生交谈的话题。

"哎哟，这字写得，我真不知道怎么形容才好，林先生，这是您从哪里得来的墨宝呢？是市里哪位书法家的真迹啊？"

林先生一听，顿时笑了起来，说："你真是见笑了，这是我父亲写的，他比较爱好这些，平时没事就舞文弄墨……"

"看来我今天还真是来对了，令尊现在在家吗？"

"这几天他去省城的姐姐家了，估计过几天才会回来。"

"真是可惜了，我还想要是令尊在家的话，我想向他老人家讨要点他的字画呢！"

"哦，原来是这样啊，这个你可以放心，我可以做主，送你几幅。"

"太谢谢您了……"

就这样，林先生与小李就中国字画的问题聊了起来。聊到尽兴之时，小李突然装作乍醒的样子说："林先生，您看，我和您一聊到这里，就忘了我今天来原本是想……不过，您不购买也没关系，我今天可是收获颇丰啊。"

"你说的是老年保健仪器？老爷子身体现在越来越不好了，我也没时间陪他锻炼身体，要不，你回头送一台过来吧。"

"好的，谢谢林先生啊。"

案例中的客户林先生为什么会如此爽快？很简单，这得益于销售员小李在提出销售问题时进行了一番语言的铺垫。在小李进门之后，他就对客户家的一些特点进行了观察，难道他真的不知道这些字画出自客户父亲？当然知道！他这样问，只不过是让自己的赞美显得更真实可信。于是，针对客户家的这些与众不同的"风景"，小李与客户展开了一番深入的交谈，他很快便获得了客户的好感。此时，小李再提出自己拜访的真正目的，客户的抵触情绪自然少得多。而在这种情况下的小李依然不忘提及自己"今天拜访收获颇丰"，这就更加深了客户对他的良好印象。这时，客户再从自己的角度考虑，就很爽快地表明自己有购买需求。

可见，在沟通中，如果我们懂得从逻辑推理的角度，运用引导的技巧，只要运用得恰当巧妙，就能取得理想的效果。

这天，某酒店里，来了一位尊贵的客人。酒店服务员想为客人推荐酒店的特色菜，于是，她这样问这位客人："您要不来一份我们这儿的清蒸鲍鱼？"但似乎她的问话效果并不明显。于是，经理亲自上去为这位客人点菜，准备推销酒店的海鲜。她这样问客人："您今天是要一份海鲜还是两份？"客人的回答是两份。就这样，服务员们也掌握了经理的问话方式，于是，酒店的海鲜成了最畅销的菜品。

面对酒店经理的这种问话方式，大多数顾客都会择一而答。可见，"误导策略"也是一种很有效的促销手段。同样，误导式的问话方式，在人际交往中也可以为我们所用。比如，有位朋友在你家做客,你不知道他是否要留下来吃饭,想明白地问一声又怕为难朋友,此时不妨问:"今天想吃什么?是中菜还是西餐?"

因此,如果你想要达到自己的目的,不要直奔主题,不妨从逻辑的角度,先让对方跟着你的思维走,也许就能获得你想要的答案。当然,这不仅需要有一个好的口才,还需要有一个好的态度,耐心地引导、启发对方思考,让其自主接受你的观点。

说话的目的是表达自己的意见,完成交流的任务。要想与别人做到畅通无阻的交流,需要的不是唾沫乱飞、毫无重点地乱说一气,而是应该学会富有逻辑地引导,只有层层递进,让别人接受我们的意见和建议,我们才能达到目的。

第 03 章

培养联想逻辑，让你的思维活跃起来

联想是由当前感知的事物回想起其他事物，或由一件事物想起另一件事物，即由此及彼或由彼及此的思维方式。联想思维是一种开放式的创新性思维，科学发明、艺术创作都离不开它，学习也离不开它。我们在培养自己的联想思维的过程中，一定要克服思维定势，不迷信权威，不照搬经验，不唯书本是从，不被假象所迷惑，敢于提出与众不同的观点，敢于发表新颖独特的见解，从而使自己真正具有开拓性、活跃性、独特性和创新性的思维能力。

善于举一反三,激活你的思维

在平日的学习与工作中,你是不是经常听到这样一句话:"要善于举一反三",这里的举一反三,其实是一种思维方法的体现——联想思维。所谓联想思维,是指人脑记忆表象系统中,由于某种诱因导致不同表象之间发生联系的一种没有固定思维方向的自由思维活动。联想思维的主要思维形式包括幻想、空想、玄想。其中,幻想,尤其是科学幻想,在人们的创造活动中具有重要的作用。

的确,客观世界是复杂多变的,是由各种各样的事物组成的,而在这些事物之间,往往存在这样那样的区别,这也是为什么这个世界这么丰富多彩的原因。这些事物具备一定的复杂性,为此,人们很难将它们联系在一起。事实证明,两个事物之间的差异越大,将它们联想到一起就越困难,但这并不代表人们不能建立起事物之间的联系。

苏联心理学家哥洛万斯和斯培林茨曾用实验证明,任何两个词语之间,在经过四五个步骤之后,都能建立起联系。

比如,现在我们给你两个词语——高山和镜子,这本是两个风马牛不相及的事物,但是只要你运用联想思维,就能将他们联系起来:高山→平地,平地→平面,平面→镜面,镜面→镜子;再如天空和大米:天空→土地,土地→水,水→水稻,水稻→大米。

假设每个词语都可以与10个词语直接发生联系，那么第一步就有10次联想的机会，第二步就有100次机会，第三步就有1000次，第四步就有10000次，第五步就有100000次，就这样可以依次向后类推。

所以说，联想思维有着广泛的基础，它为我们提供了无限广阔的天地，一个人如果不会运用联想思维，学一点就只知道一点，那么他的知识是零碎的、孤立的，派不上什么用场；而如果他善于运用联想思维，就会由此及彼扩展出去，做到举一反三，闻一知十，触类旁通，从而使思维跳出现有的圈子，突破思维定势而获得创新的构思。我们再来看下面一个故事：

1981年对于英国来说是一个特别的年份，因为这一年英国王子查尔斯和黛安娜决定在伦敦举行耗资10亿英镑的婚礼。这一消息在被大众得知后，英国各地的厂商老板认为这是天赐良机，纷纷组织人马开发与婚礼有关联的新产品。于是，王子和王妃的照片成了最热门的外观设计素材，各种文化衫上印着新郎新娘甜蜜的笑脸；各种糖果食品包装盒上也打上了王室婚礼盛典的标底。

这些创意的确给老板们带来了财运，但相比之下，某光学仪器公司的创意更是别出心裁，因此赚了个盆满钵满。

盛典开始了，从白金汉宫到圣保罗教堂，沿途挤满了近百万群众。当站在后排的人们正为无法看到盛典场景而焦虑不安时，突然从背后传来一阵阵叫卖声："请用望远镜观看盛典！"

长长的街道两旁,冒出数百辆载满"王子牌""王妃牌"望远镜的销售小车。人们立刻蜂拥而上,争先恐后地抢购特制的观礼望远镜。

可见,一个人要想学得快,就要善用联想思维,就要懂得举一反三,以提高效率;一个人要发明创造,寻求创意,也要善于举一反三,让绝妙的构思如泉水喷涌。

同样,我们也可以将其运用到平时的逻辑思维训练中,举一反三,使思维活跃。事实上,举一反三就是一种联想能力的实践和运用,这种思考模式像细胞分裂似地由此及彼,不断创造出一个又一个新鲜的东西。

相关联想是一种由概念接近而引起的联想

在前面的介绍中,我们已经得知,联想从本质上讲也属于想象,但它有别于一般的想象。一般的想象侧重于相似性,而联想则侧重于相关性。所以,诸多联想类型中,相关联想是运用最广泛的一种联想。相关联想(也叫接近联想)是一种由概念接近而引起的联想,当然更多的是由于空间和时间接近(或事物因果关系)而引起的对其他事物的联想。

举个简单的例子,一提起火烧赤壁,人们会很自然地想到

《三国演义》及周瑜、曹操等著名历史人物，这是因为这些因素在空间和时间上存在一定的接近性。再比如，如果我们提到圆明园，自然就想到八国联军、慈禧太后等。再比如，由"秋收"我们能联想到"春耕"，由一片树叶飞落我们能联想到天下知秋，再联想到环境的凄清、人心的寂寞。联想的思维形式是发散式、不定向式的，其涉及面很广泛。而这些都是相关联想法。

门捷列夫发现元素周期律并制成元素周期表也是利用了这一规律。他认为，化学元素原子结构的特殊性可按一定次序排列，按次序排列的元素经过一定的间隔（周期），它们的某些主要属性就会重复出现。而在每一间隔范围内一定的属性是逐渐变化的，如果这种逐渐性被突然的跳跃所中断，那就一定会存在一个未知的元素来填补这个空位。门捷列夫正是靠上述相关联想（空间接近），提出了关于元素周期的大胆设想。后来，他经过多次实验验证及理论计算，证实了这一设想是完全正确的。

由此可知：相关联想是一种由某一事物的感知和回忆而引起的和这一事物具有某种关系的其他事物的联想。

我们都知道，世界上任何事物都不是孤立地存在着的，它们之间总有各种各样的关系：从属关系，属种关系，部分和整体的关系，事物与其活动、功用、性质、成品、主持者或使用者的关系，行为与其对象、凭借、处所、结果或发生者的关系等。事物之间的这种种关系就是相关联想的客观基础。

其实，在日常的学习中，你只要细心一点，随时都能发现相关联想的运用。

朱自清先生的散文名作《荷塘月色》就是运用相关联想的范例：作者在对月色下荷塘、荷塘上的月色作了如诗似画的描写后，"忽然想起采莲的事了"，由此，进而想到南朝民歌《西洲曲》里的句子："采莲南塘秋，莲花过人头"，紧接着"这令我到底惦着江南了。"这里自然灵活地运用了相关联想。

巴金先生的散文名作《灯》也是运用相关联想的典范：文章先写"眼前的灯"给我和夜行者带来光明、温暖和勇气；再写"回忆的灯"给我和在人生道路上的奋进者带来光明、温暖和勇气；接着写"联想的灯"给古今中外的人带来光明、温暖和勇气，从而得出"灯光是不会灭的"的结论。

文中作者巧妙地运用了相关联想，并能使联想层层递进地表达中心。当然，在这篇名作中，相关联想的运用是很复杂的。"灯"的概念与"光明""鼓舞""力量源泉"等联系到一起，并在这种联系中表达了作者的思想和感情。

在这种概念联系中，不再是概念内涵的直接联系，更多的是内涵的形象性的、带着个人感受的、具体的联系。"灯"的形象是光亮的，这个形象本身及"发光工具"的内涵不能直接同"光明""鼓舞""力量源泉"等联系到一起。而在文章的概念联系中，"灯"被作者赋予了感情色彩，以及与灯相关联的图景和情境，如"人家""温暖的感觉"等，所以才可能与"光明""鼓舞"等相关联。所以，我们可以看出，这种相关联想不是直接联系，而是在特定的前提下的，形象的、具体的联系。

同样，在逻辑思维的训练中，我们也要注重这一思维方式的培养，如果你能掌握这种由某一事物的感知和回忆而引起的"由此及彼"的联想，你就能做到开拓思路，进而打开局限的思维方法。

敢于联想，就能整合几个不相关的事物

我们可能都听说过这样一个成语"风马牛不相及"。据《左传·僖公四年》载："四年春，齐侯以诸侯之师侵蔡，蔡溃，遂伐楚。楚子使与师言曰：'君处北海，寡人处南海，唯是风马牛不相及也，不虞君涉吾地，何故？'"这段话的意思是说：鲁僖公四年的春天，齐桓公凭借各诸侯国的军队进攻蔡国，蔡国溃败后，接着又进攻楚国，楚成王派屈完为使者，对齐军说，你们居住在遥远的北方，我们楚国在偏远的南方，相距很远，即使是像马和牛与同类发生相诱而互相追逐的事，也跑不到对方的境内去，没想到你们竟然进入我们楚国的领地，这是为什么？

"风马牛不相及"是后世使用得非常广泛的一则成语，用来形容两个完全不相关的事物。然而，人们之所以认为某两个事物之间不存在联系，是因为他们没有运用联想思维，也就是

说，只要我们开动脑筋，敢于联想，那么，就能让"风马牛也相及"。

我们不妨来看下面两个故事：

1941年，正值第二次世界大战爆发之际，战争爆发之后，战火很快蔓延到整个欧洲，很多新式武器被运用到战争中，生灵涂炭，很多士兵受伤，然后被运送到战争后方。

这天，法国有个叫亚德里安的将军去后方看望伤残战士，期间他听到一位受伤的战士讲述自己是怎样让自己幸免于难的经过，他从中深受启发。原来这位小战士十分机敏，当德国兵对他们进行狂轰滥炸时，当时他正在厨房值班，情急之下他拿起贴锅盖盖到了自己的头上，就这样，在其他战友伤亡惨重的情况下，他只是受了点轻伤。

亚德里安马上联想到，如果在战场上的每个士兵都能戴着这样一个类似铁锅的东西，那么，伤亡不就大大减轻了吗？

于是，他立即成立了一个小组对这种东西进行研究，第一代钢盔就这样诞生了，并在当年装备了部队。据统计，在第二次世界大战中，世界各国的军队由于装备了钢盔，使几十万人幸免于难。

亚得里安由铁锅扣头能防炮弹，提出制造钢盔。这就是联想思维的结果。

我们再看下一个案例：

第03章
培养联想逻辑，让你的思维活跃起来

1944年4月，第二次世界大战已经进入了决定性的阶段，当时的苏军准备歼灭驻扎在彼列科普的德寇，解放克里木半岛。

4月6日，已经进入春季的彼列科普却突降大雪，整个彼列科普被白茫茫的雪花覆盖。

这天，苏集团军炮兵司令在暖融融的掩蔽体里，他注视着刚进来的参谋长，只见他双肩落满了一层薄薄的雪花，其边缘部分在室内的暖气中开始融化，清晰地勾画出肩章的轮廓。司令员突然联想到：天气转暖，敌军掩体内的积雪也将融化，为了避免泥泞，他们肯定要清除掩体内的积雪，暴露其兵力部署。于是，司令员立即命令对德军阵地进行连续侦察和航空摄像。苏军只用了三个多小时，就从敌军前沿阵地积雪出现湿土的情况中，推断出敌人的兵力部署。苏军立即调整了进攻力量，一举突破防线，解放了克里木半岛。

从以上两个故事中，我们发现，联想，在战场上能帮助指战员取得胜利。表面上看，"锅盖"和"战争"有关系吗？"雪花"和"战争"有关系吗？都没有！但运用联想思维，却可以将他们巧妙地联系在一起。

很多时候，几个看似没有关联的事物在经过我们联想后，就能产生"风马牛也相及"的效果。同样，对于生活中的我们来说，只要你敢于联想、扩展思维空间，你就能将几个看似不相关的事物整合到一起，就能做出与众不同的成绩，那么，或许未来某些年内，你也能成为一个极具创造力的发明者，你也能推动时代的进步。

敲门运用移植思维，由此及彼地思考

你可能经常听到"移植"一词，这个词语多半用于医学上。但其实，在思考问题时，我们也可以运用移植法，这就是移植思维。所谓移植思维法，就是把某一领域的科学技术成果运用到其他领域的一种创造性思维方法。移植思考有点类似于模仿思考和类比思考，都是借鉴其他事物的一种思考方法，如果你巧妙运用，将会取得意外收获。

的确，很多时候，出现在我们眼前的事物往往是成对的，前面的和后面的，正面的和反面的，一个侧面反映着另一个侧面，两者之间的关系又往往暗示着新的途径和新的思想，这就为由此及彼的思考提供了有利的前提条件。现代"仿生学"就反映了"由此及彼"的思维方式，已在创造发明中发挥了重大作用。

例如，在早先研究潜艇速度时，发现潜艇速度总不能提升，由此人们想到了游得极快的海豚。究竟是什么原因使海豚有那么快的游泳速度呢？经研究发现，关键之一在于其皮肤的特殊结构，于是人们发明了类似海豚皮的潜艇蒙皮，便很快地提高了潜艇的速度。

我们再来看大发明家爱迪生小时候是如何巧妙运用移植思维的：

爱迪生11岁那年，妈妈突然生病了，医生说需要立即做手术。但是当时爱迪生家里很穷，住不起医院。于是请求医生让妈妈在家里做手术。当时天色已晚，爱迪生家里只有煤油灯，光线太暗，医生为难地说："光线太暗无法进行手术啊。"

这时，妈妈痛得在床上打滚，爸爸和医生也想不出更好的办法来。这时，爱迪生看着窗户外的月光，突然想起白天和小朋友一起玩的阳光反射游戏。他兴奋地说："爸爸，我有办法了！"

他让爸爸把大衣柜上的镜子拆下来，又到邻居家借了好几块大镜子和煤油灯。他把镜子和煤油灯都放在床的周围，挨个调整角度，使镜子里反射出来的光聚合在一起。这时，床上顿时明亮起来了。

在爱迪生的帮助下，医生的手术进行得十分成功，爱迪生的妈妈得救了！

爱迪生的这种思维方法其实就是移植思维法，他把太阳光的反射原理移植到了灯光的反射当中，从而用"微弱"的灯光照亮了医生的手术台。从思维方法角度看，移植思维法是通过联想、类比、综合，力求发现从表面上看仿佛毫不相关的事物和现象之间的联系。

这里，我们能发现移植思维最明显的妙处是能追求优化和高效。移植思维方法是科学研究中最简便、最有效的，也是应用最广最多的方法。人们只要掌握了移植思维方法的要点，留心世事，就能够巧妙地运用移植思维方法，做到有所发现、有所发明、有所创造。

数学家华罗庚也说过："科学的灵感，决不是坐等可以等来的。"也就是说，移植思维并不是让我们投机取巧，而是需要我们积极运用思维的力量。一般来说，移植是由联想来牵线搭桥的，没有联想就没有移植。但仅靠联想还是不够的，我们还需要选择好移植的对象，否则，我们做的只能是无用功。

但丁有一次路过一家铁匠作坊门口，意外地听到里面的铁匠一边打铁，一边唱着他的诗歌。但丁听到铁匠任意缩短和加长自己的诗句，感到十分恼怒。他本想进去跟铁匠理论，但想到铁匠根本就不会明白他的想法，而且也无法与铁匠进行沟通，就停住了脚步。

过了一会儿，但丁想出了一个办法。他径自走进铁匠的作坊，二话没说拿起铁匠的锤子、钳子等工具，一件一件地扔到了街上。

铁匠气坏了向他扑去，气愤地质问："干什么？你疯了吗？干嘛乱扔我的工具，你使它们受到了损坏！"

但丁理直气壮地答道："那你为什么唱我的诗歌却不按我写的格式去唱？你把我的作品全部破坏了！"铁匠一听就明白了

但丁的意思，不好意思地向但丁道歉。

这里，很明显移植就是把思考的对象由自己的"诗歌"转移到"铁匠的工具"上，从而巧妙地让铁匠认识到自己的问题。

移植有两种：一种是先见到可"移"之物，触景生情，引起联想。"点子"盲文的发明就是属于这一类。

在许多年以前，法国海军巴比尔舰长带着通信兵来到一所盲童学校，向孩子们表演夜间通讯。漆黑的夜晚，眼睛是用不上的。于是，军事命令被传令兵译成电码，在一张硬纸上，用"戳点子"的办法，把电码记下来。而接受命令一方的士兵，用"摸点子"的办法，再译出军事命令的内容。这一表演引起盲童布莱叶的极大兴趣。对于他来说，"戳点子"和"摸点子"就是"可移"之物。于是，他反复研究，终于发明了"点子"盲文，并一直沿用到今天。

另一种是根据移植的需要，去寻找"可移"之物，通过联想而导致移植发明的成果。压缩空气制动器的发明就是例子。

火车发明后，由于制动器的力量太小，在紧急情况之下，常由于刹不住车而发生重大的交通事故。有一个叫乔治的美国青年，目睹了车祸的发生，于是就萌发了要发明一种力量更大的制动器的想法,这就是移植的需要。一天,乔治从当地的报纸上看到用压缩空气的巨大压力开凿隧道的报道,于是他想:压缩空气可以劈石钻洞,为什么不可以用它来制造火车制动器呢?就这样,乔治找到了"可移"之物。反复试验之后,22岁的乔治终于发明了世界上第一台压缩空气制动器。

可见,移植法的应用不是随意的,而是有它自身的客观基础,即各研究对象之间的统一性和相通性。移植也不是简单的相加或拼凑,移植本身也是一个创造过程。

展开相似联想,一定要抓住事物之间的相似点

我们都知道,联想是建立事物间联系的一种方法。在逻辑思维的培养过程中,联想起着至关重要的作用。联想的类别有很多,其中就有相似联想。所谓相似联想,就是由某一事物或现象想到与它相似的其他事物或现象,进而产生某种新设想。当然,展开相似联想,一定要注意抓住事物之间的相似点。我们先来看下面的故事:

四川省有个叫姚岩松的人,他意外地发现,屎壳郎能滚动一团比它自身重几十倍的泥土,但却无法拉动泥土,即使泥土

很轻。加上他之前曾开过几年拖拉机,他由此联想到:是不是可以学屎壳郎滚动土块的方法,将拖拉机的犁放在耕作机身动力的前面,而把拖拉机的动力犁放在后面呢?经过实验他设计出了犁耕工作部件前置、单履带行走的微型耕作机,以推动力代替牵引力,这一改进突破了传统的结构方式。

从这一案例中,我们能看出相似联想对于思维的重要性,当然,在学习利用事物相似性展开联想前,我们有必要学习事物之间的相似点有哪些类型:

1.形似联想

形似联想是由于事物外型上的相似产生的联想。

如朱自清的《绿》:"这平铺着,厚积着的绿,着实可爱。她松松的皱缬着,像少妇拖着的裙幅;她滑滑的明亮着,像涂了'明油'一般;有鸡蛋清那样软,那样嫩;她又不杂些儿尘滓,宛然一块温润的碧玉,只清清的一色——但你却看不透她!"这段文字用了四个比喻句,从水纹、水光、水质和水色四个方面,"皱""明""清""碧"与彼物外形的特征展开联想,对梅雨潭的绿作了多方面的描写,很生动传神。

我们再看郑振铎的《海燕》:"就在这时,我们的小燕子,二只,三只,四只,在海上出现了。它们仍是隽逸的从容的在海面上斜掠着,如在小湖面上一般;海水被它似剪的尾与翼一打,也仍是连漾了好几圈圆晕。小小的燕子,浩莽的大海,飞着飞着,不会觉得倦么?不会遇着暴风急雨么?我们真替它担心呢!……在故乡,我们还会想象得到我们的小燕子是这样的一个海上英雄么?"

作者背井离乡,在远洋轮上见到矫健、从容的小燕子,联想到自己故乡的小燕子,惊喜之中,把海上的小燕子幻想成自己故乡的小燕子。由于运用了相似联想,文章成功地抒发了作者爱国恋乡的深情。

2. 神似联想

神似联想是由于事物在精神、品性、气质、情调等方面相似产生的联想。如由荷花"出淤泥而不染"联想到虽处身于龌龊环境之中,却能保持着高洁情操的人们;由"金玉其外,败絮其中"的柑子而联想到那些表面上道貌岸然,内里却肮脏得见不得人的贪官污吏;由蜜蜂的采花酿蜜联想到做学问的方法等。

鲁迅《阿Q正传》中有这样的片段:

他得意之时,禁不住大声的嚷道:
"造反了,造反了!"
未庄人都用了惊惧的眼光对他看。这一种可怜的眼光,是阿Q从来没见过的,一见之下,又使他舒服得如六月里喝了雪水。他更加高兴的走而且喊道:
"好,我要什么就是什么,我喜欢谁就是谁……"

阿Q看见了自己宣布造反引来未庄人"惊惧"的可怜的眼光,感到"舒服得如六月里喝了雪水"。这一比喻实质是相似联想。他所表现的是阿Q此时此刻的情绪感受,如同炎夏酷暑时喝冰凉的雪水一样舒服极了。这是一种主观情绪感受相似的联想。

总之,相似联想是由一事物的触发而引起与该事物在形态上或性质上相似的另一事物的联想,可分为形似联想和神似联想。运用这种联想的关键在于熟悉相似的各种类型并能熟练运用。

对比联想:在有对立关系的事物之间形成的联想

在联想思维的范畴中,还有一种类型——对比联想,它是由某一类事物想象与之相反相对的另一类事物,并且形成鲜明对比,形成深刻印象。比如,从生想到死,从严寒想到酷暑,从播种想到收获,从闭关锁国想到门户开放等。再比如写作中,人物、环境、故事的对比描写,反衬手法描写等,都是对比联想思维。

对比联想是指在有对立关系的事物之间形成的联想。例如"青山有幸埋忠骨,白铁无辜铸佞臣""有关家国书常读,无益身心事莫为";《从百草园到三味书屋》中用充满无限乐趣、令人无限向往的百草园,来反衬对比枯燥乏味的三味书屋,都是对比联想在写作中的具体运用。因此,我们在逻辑思维的训练过程中要多进行此类训练,以此培养自己的思维能力。

对学生来说，运用对比联想还可以提高学习效率和加强记忆，促进回忆。如语文教学中将一对反义词同时进行学习，算术教学中加和减、乘与除的对比，化学元素性质的对比，都是对比联想的运用。通过对比联想可以加深对事物性质和特点的认识。

对比联想的特性有：逆向性、挑战性和反常性。另外，对比联想还可以分为以下几种：

1. 从性质属性对立角度进行对比联想

例如，日本的中田藤三郎曾改进了圆珠笔，他之所以能发现这点，就是因为从属性对立的角度进行思考才获得成功的。1945年圆珠笔问世，写20万字后漏油，后来制成的笔，书写20万字后，恰好油被使用完，刚好能把圆珠笔扔掉。这里就运用了对比联想法。

2. 从优缺点角度进行对比联想

发明者在从事发明设计时，既看到优点和长处，又要想到缺点，想到短处，反之亦然。例如，铜的氢脆现象使铜器件产生缝隙，令人生厌。可是有人却偏把这种现象看成优点加以利用，这就是制造铜粉技术的发明。用机械粉碎法制铜粉相当困难，在粉碎铜屑时，铜屑总是变成箔状。把铜置于氢气流中，加热到500~600℃，时间为1~2小时，使铜屑充分氢脆，再经球磨机粉碎，合格铜粉就制成了。这里就运用了对比联想。

1861年，法国的莫谢教授，运用对比联想法，发明设计了太阳能发动机，并取得了太阳能发动机法国专利权。

3. 从结构颠倒角度进行对比联想

从空间考虑，前后、左右、上下、大小的结构，颠倒着进行联想。例如，一般人进行数学运算都是从右至左、从小到大进行运算，史丰收运用对比联想，反其道而行之，从左至右、从大到小来进行运算，运算速度大大加快。

再者，日本索尼公司的工程师，运用对比联想，由大彩电开始进行对比联想，制成薄型袖珍电视机，显象管只有 16.5 毫米。

4. 从物态变化角度进行对比联想

即看到从一种状态变为另一种状态时，联想与之相反的变化。例如，18 世纪，拉瓦把金刚石锻烧成 CO_2 的实验，证明了金刚石的成分是碳。1799 年，摩尔沃成功地把金刚石转化为石墨。金刚石既然能够转变为石墨，用对比联想来考虑，那么反过来石墨能不能转变成金刚石呢？后来终于用石墨制成了金刚石。

总之，对比联想在文艺创作和哲学研究以及发明创造等思维活动中都有比较重要的意义，你若能把对比联想运用到日常的各种活动中，你做事、学习的效率一定会有所提高。

出色的联想思维能力如何训练才能获得

前面一节，我们已经分析过，联想在思维活动中的重要性，为了获得超人的联想力，我们可以进行以下训练：

1. 观察力训练

观察是联想的前提，我们在联想之前，应首先学会尽可能仔细地观察事物，尽可能全面地观察事物，随时随地练习，直至养成习惯。

观察的对象包括以下几个方面：

（1）对人的观察

我们都听说过侦探福尔摩斯的故事，他就善于对人进行细致的观察，他能从一个人的外表看出许多：这个人的经历、性格、干过什么等。我们要练习对人的观察，看这个人的大体外型，了解这个人的高、矮、胖、瘦、衣着，再看他（她）的发型、头形、额头、眉毛、眼睛、鼻子、胡子、嘴、脸形、肤色、肤质、下巴、脖子、双手、腰、腿、脚等。

（2）对物体形状的观察

观察周围事物的外形，看它是圆的、方的、长方的、椭圆的、扁圆的、三角的、菱形的、S形的或是不规则形状的。可以以一种形状为目标，比如方的，心里记下所有方形的物体，然后，把它们一一写下来，等第二天再走一次原来的路线和环境，检查一下自己记下的内容是否缺漏了什么。

（3）对物体颜色的观察

先确定各种颜色的名称，比如红、橙、黄、绿、青、蓝、紫，然后确定一种颜色，把所有带有该颜色的物体一一记住，如此反复训练。

（4）对环境的观察

当前面 3 个训练都做过后，便可以对某一特定的环境做观察训练，比如，在街上，观察一下来往的车辆、行人、天空、树木、房屋等。在观察的过程中，考虑所见的事物有什么特别或不正常的地方，比如，看到走路特别匆忙的行人，样子特别古怪的车，等等。

2. 听力训练

看到这里，请闭上眼睛，仔细听一下你身边的环境中有什么声音，要仔细辨别各种声音，比如在图书馆里可能会听到这些声音：翻书声、走路声、咳嗽声、桌椅的轻微碰撞声、隐隐约约的说话声、偶尔传来手机的铃声、排风扇的声音……试试看你能听出几种来，经常练习将会大大提高你对声音的敏感程度和分辨力。

3. 推测能力训练

拿一支铅笔，试着把一篇文章中的一个字删掉，比如"是"这个字，边读边删；然后再读一遍看是否已全部删除，每天训练一遍，直到能以极快的速度将所有的"是"一次删除为止。接下来再学习删除"这"字，当达到上面的水平后，可以改删"的"字，再改删"可"字。当你都可以达到上面提到的速度及水平后，找出一篇文章，把"是""这""的""可"等字一次删除，删除后再看，能否将原文的意思推断出来。

这个练习不仅能训练人的注意力、推断力，还能够大大提高一个人的记忆力，在练习的过程中，你会发现你的记忆力在不知不觉中已提高得让你自己吃惊了。

4.形象想象训练

对于想象的对象,你可以用"脑中的眼睛"把它看清楚,比如在"看"一个人时,须"看"清他的衣着、式样、颜色、发型、面部器官及表情、手脚动作等。

试着做以下想象训练,在看完后请闭眼睛仔细想象:

你坐在一间粉红色的房间里,面前是一张黄色的桌子,上面摆了一只洁白的盘子,盘子上面是一只绿色花皮西瓜(或是一只柠檬),旁边摆了一把刀。

你站起来,提刀将西瓜切开。

你一定要清楚地看到,刀尖在一插入西瓜的时候,伴随着轻轻的一声"咔嚓",西瓜已自己开裂,你又顺势用刀切下,西瓜裂为两半,绿色的瓜表皮,往里是白里透点绿的皮肉,再往里就是红艳艳的瓜瓤,这瓜是沙瓤的,上面露着几粒黑色的瓜子。

你把西瓜的一半侧过来,切下一片,拿起来咬上一口,那味道真是好极了,甜甜的带着西瓜特有的清香,别忘了把西瓜籽吐在洁白的盘子上……

以上的想象训练可常做,当你已能熟练想象上面的情景后,可以再练习想象一些色彩不一定很鲜明的事物。像这样的练习,每天只需用5分钟即可做一次。但是练习的时候千万要看清楚颜色、形状、动态等。

如果有人想象力不够好,可以先观察一件事物,最好找一件结构、颜色都不太复杂,但外形明晰、色彩鲜艳的事物,仔细观察过以后，闭上眼睛再现它的形象，要看清它的平面、棱角、颜色，甚至要感知到材料的质感。

这样练习一段时间后，就可以练习前面提到的训练了。

5. 事物联想训练

首先进行差别训练。同时观察两件事物或两个人，看它们（他们）有什么不同之处，把它们之间的所有不同点记下来。

其次要进行逻辑联想训练，试着把本无联系的两件事物联系起来。比如，书和狗，可以想象一个人拿了一本书向狗扔去，或狗在用牙撕一本书。又如眼镜和兔子，可以想象有一只兔子天生有个怪癖——喜欢吃"眼镜"，它的家里有一大堆眼镜，它正坐在这一大堆眼镜旁边大口地嚼眼镜。

最后要做自由联想训练，你可以从一个物体开始自由想象，具体做法如下：

拿一张白纸，写下你想象的起点，比如是"房子"，你就专心想房子，想房子时你又想什么？比如是炊烟，记下来写到纸上，然后专心想想炊烟，就这样，想起什么记下什么，看自己在 5 分钟的时间里能记下多少东西。

检查所记下的东西，你可能会发现有一些事物带有一定逻辑关系，而有一些则是风牛马不相及的。你会发现自己逐渐将喜欢的、害怕的事物写了出来。因为当自己联想时，你只是在想象一个事物，自己的潜意识会逐渐发挥作用，逐渐将你引向你的潜意识所关心的领域。这种训练打开了通向调动神奇的潜在能力的大门，长期练习将使你受益无穷。

第04章

善用逆向逻辑，敢于"反其道而思之"

日常生活中，我们常常听到人们提及逆向思维，所谓逆向思维也叫求异思维，它是对司空见惯的似乎已成定论的事物或观点反过来思考的一种思维方式。其实，对于某些问题，尤其是一些特殊问题，从结论往回推，倒过来思考，从求解回到已知条件，这样去想或许会使问题简单化。我们如果能在生活、学习或工作中巧妙运用逆向思维，敢于"反其道而思之"，那么，你将成为一个更有创造力的人。

逆向思维，不走寻常路

生活中，人们常常提到"逆向思维"，就是人们常说的"倒过来想"。用逆向思维去考虑和处理问题，往往是从"出奇"出发，而达到"制胜"的目的。对于任何人来说，是否具有逆向思维的能力，是其逻辑思维水平是否高超的重要表现。

那么，什么是逆向思维呢？科学上的创新实践证明，逆向思维是一种突破常规定型模式和超越传统理论框架，把思路指向新的领域和新的客体的思维方式。

敢于"反其道而思之"，让思维向对立面的方向发展，从问题的相反面深入地进行探索，树立新思想，创立新形象。当大家都朝着一个固定的思维方向思考问题时，你却独自朝相反的方向思索，这样的思维方式就叫逆向思维。人们习惯于沿着事物发展的正方向去思考问题并寻求解决办法。其实，对于某些问题，尤其是一些特殊问题，从结论往回推，倒过来思考，从求解回到已知条件，反过去想或许会使问题简单化。

不难理解，逆向思维的反面是传统思维，我们称为"思维定势"，即在思考问题时，片面、错误地运用已有的知识和经验，从而阻碍了思维的创新，总是受传统观念的束缚，不敢向原有理论挑战，不仅不能提出革命性理论来，即使遇到新发现也会失之交臂。

第04章
善用逆向逻辑，敢于"反其道而思之"

逆向思维最宝贵的价值，就是它对人们认识的挑战，是对事物认识的不断深化，在创造发明的道路上，更需要逆向思维，逆向思维可以创造出意想不到的人间奇迹。

第二次世界大战期间，反犹主义和纳粹党横行的时候，有一天，一对纳粹分子闻风来到柏林郊区的一户人家，抓走了一个犹太家庭的丈夫，留下了家中非犹太血统的妻子。随后，妻子到处走动，通过各种关系终于和监狱中的丈夫取得了联系，并给他写了信。信件的大致内容是，因为丈夫不在家，家里缺少务农的人手，这一年可能就要错过耕种马铃薯的时节了。

那么，怎么办？犹太血统的丈夫果然聪明绝顶，接下来，他给家中的妻子写了一封信："不要耕地了，我已经在地里埋了大量的炸弹和炸药。"这些信件自然是要经过纳粹分子的手的。之前来抓他的人开着车来到他家的地里，然后费了很大功夫将整片地都翻了个遍，也没有找到炸药。妻子将这件事写信告诉了丈夫，丈夫回信说："那就种马铃薯吧！"

这则小故事将这位丈夫的智慧展现得淋漓尽致。有时候反弹琵琶会收获意想不到的效果。

某时装店的经理不小心将一条高档呢裙烧了一个洞，使其身价一落千丈。如果用织补法补救，也只是蒙混过关，欺骗顾客。这位经理突发奇想，干脆在小洞的周围又挖了许多小洞，并精于修饰，将其命名为"凤尾裙"。一下子，"凤尾裙"销路顿开，该时装商店也出了名。

逆向思维带来了可观的经济效益。无跟袜的诞生与"凤尾裙"异曲同工。因为袜跟容易破，一破就毁了一双袜子，商家运用逆向思维，试制成功无跟袜，创造了非常好的商机。

的确，逆向思维在生活、学习和工作过程中，常常能表现出传统思维所不具备的优势。

优势一：在日常生活中，常规思维难以解决的问题，通过逆向思维却可以轻松破解。

优势二：逆向思维会使你独辟蹊径，在别人没有注意到的地方有所发现，制胜于意料之外。

优势三：逆向思维会使你在多种解决问题的方法中获得最佳方法和途径。

优势四：生活中自觉运用逆向思维，会将复杂问题简单化，使办事效率和效果成倍提高。

总之，日常生活中的每个人都应该学会转换思维，如果一味地走别人走过的老路、毫无创新的话，那么，你也只能复制出别人的未来；而如果你寻找到属于自己的路，那么，你的未来就会是美好的。事实上，无论做什么，都是这个道理，都要有灵光的头脑，善于创造性思维，不能钻牛角尖。

"倒过来"想，由果及因思考

我们都知道，一个人只能在一个时刻做一件事，也只能在某个时刻朝一个方向思考。通常来说，在因果关系上，人们习惯了从因到果思考，而逆向思维却提倡由果及因思考法。也就是"倒过来"想，这是相对正向思维而言的。所谓正向思维，指的是按事物发展的时间和空间顺序，从事物产生的原因（或条件）去逐步导出结果（或结论），即由因及果的思维方式。而逆向思维的顺序，由结果（或结论）去分析，寻求导致这一结果（或结论）的原因（或条件），也即由果寻因的思维方式。

香港一家专营胶粘剂的商店，为了让一种新型"强力万能胶水"广为人知，店主用胶水把一枚面额千元的金币粘在墙壁上，并宣称："谁能把金币掰下来，金币就归谁所有。"一时，该店门庭若市，登场一试者不乏其人。然而，许多人费了九牛二虎之力，仍然徒劳而归。有一位自诩"力拔千钧"的气功师专程赶来，结果也空手而归。于是，"强力万能胶水"的良好性能声名远播。当然，这家粘胶剂商店终于如愿以偿了。

材料中新产品一上市，之所以"获得巨大效益"，一是因为该强力万能胶水有着粘后能"岿然不动"的过硬质量，二是由于公司采用了非同寻常的营销宣传策略，于是，我们便能顺理成章地分别得出"事实胜于雄辩""酒香还需巧吆喝"的结论。相比之下，后者更富有时代气息。

这里，这家公司采用的便是由果及因思考法。

我们再来看一个小故事：

加里·沙克是一个具有犹太血统的老人，退休后，在学校附近买了一间简陋的房子。住下的前几个星期还很安静，不久有三个年轻人开始在附近踢垃圾桶闹着玩。

老人受不了这些噪声，出去跟年轻人谈判。"你们玩得真开心。"他说，"我喜欢看你们玩得这样高兴。如果你们每天都来踢垃圾桶，我将每天给你们每人一块钱。"

三个年轻人很高兴，更加卖力地表演"足下功夫"。不料三天后，老人忧愁地说："通货膨胀减少了我的收入，从明天起，只能给你们每人五毛钱了。"年轻人显得不大开心，但还是接受了老人的条件。他们每天继续去踢垃圾桶。

一周后，老人又对他们说："最近没有收到养老金支票，对不起，每天只能给两毛了。""两毛钱？"一个年轻人脸色发青，"我们才不会为了区区两毛钱浪费宝贵的时间在这里表演呢，不干了！"从此以后，老人又过上了安静的日子。

按照一般人的想法，肯定是用强力赶走制造噪声的人，至于是否奏效则没有保障。犹太老人用了一个看起来很傻的办法，却达到了最终想要的效果。

的确，事物都是互相联系的。比如，有很多事物就是以因果关系的联系形式存在的。在生活中，当你看到某种现象时，也应该有查找造成现象的原因的欲望，经常练习，你的逆向思维能力一定会有所提高。

具体来说，你需要做到：

1. 要有探究的兴趣和愿望

这是寻找原因的前提，因为兴趣是最好的老师，有了探究的兴趣，在看到事物时，就有了探究的动力。

2. 要有不达目的不罢休的热情

在寻找失去原因的过程中，难免会产生这样或那样的阻碍因素，此时，大部分人可能会选择放弃，然而，如果你能做到坚持到底，不但能锻炼自己的意志力，更能提升你的思维品质。

3. 学会顺藤摸瓜

事物与事物之间是有联系的，而事物本身的因果更是联系紧密，因此，在探究事物原因时，只要我们紧抓结果，从结果顺藤摸瓜，就一定能找到我们想要的答案。

总之，由果及因思考法指的是从已知事物的相反方向进行思考，找寻发明构思的途径。善用由果及因思考法是培养自己逆向思维能力的重要方面，在日常生活中养成凡事多思考的习惯，相信会对你有所帮助。

反转你的大脑、破除旧有思维的限制

我们都知道，人一旦形成了某种认知，就会习惯地顺着这种思维定势去思考问题，习惯性地按老办法想当然地处理问题，不愿也不会转个方向解决问题，这是很多人都有的一种愚顽的"难治之症"。而要使问题真正得以解决，往往要废除这种认知，将大脑"反转"过来。

因此，人们必须学会反转大脑、破除旧有思维的限制。

一次，德国大诗人歌德在公园散步时，在一条窄得仅容一人通过的小路上，碰见一位把他的所有作品都贬得一文不值的批评家。

两个人面对面站着，批评家出言不逊："我从来不给蠢货让路！"

"我却正好相反！"歌德微笑着站到了一边。

批评家原想讥笑一下歌德，结果搬起石头砸了自己的脚。歌德所运用的这种思考方法就是我们所说的逆向思维方法。

生活中，我们也要培养自己的这种思维方式，要知道，思维决定一个人的路途。不同的人，选择不同的思维方式，自然他们脚下的路就不一样。善于改变自己的思维，不按照常理去想问题，就会取得非同一般的成效。有时候，当你处于某种自以为不可能的情况下时，如果你从反方向思考的话，或许就会豁然开朗。

关于运用逆向思维，我们需要掌握以下三大类型：

1. 反转型逆向思维法

这种方法是指从已知事物的相反方向进行思考，找寻发明构思的途径。"事物的相反方向"常常从事物的功能、结构、因果关系等三个方面作反向思维。比如，市场上出售的无烟煎鱼锅就是把原有煎鱼锅的热源由锅的下面安装到锅的上面。这是利用逆向思维，对结构进行反转型思考的产物。

2. 转换型逆向思维法

这是指在研究一个问题时，由于解决该问题的手段受阻，而转换成另一种手段，或转换思考角度思考，以使问题顺利解决的思维方法。如历史上被传为佳话的司马光砸缸救落水儿童的故事，实质上就是一个用转换型逆向思维法的例子。由于司马光不能通过用爬进缸中救人的手段解决问题，于是他就转换为另一个方法——破缸救人，进而顺利地解决了问题。

3. 缺点逆用思维法

这是一种利用事物的缺点，将缺点变为可利用的东西，化被动为主动，化不利为有利的思维逆用方法。这种方法并不以克服事物的缺点为目的，相反，它是将缺点化弊为利，找到解决方法。如金属腐蚀是一种坏事，但人们利用金属腐蚀原理进行金属粉末的生产，或进行电镀等其它用途，无疑是缺点逆用思维法的一种应用。

逆向思维，是对传统习惯和常规的反叛

逆向是与正向比较而言的，正向是指常规的、公认的或习惯的想法与做法，逆向则恰恰相反，是对传统习惯、常识的反叛，是对常规的挑战。它能克服思维定势，破除经验和习惯造成的僵化模式，它会使人感觉新颖，喜出望外，别有所得。

古代司马光砸缸就是逆向思维的范例：

一天，司马光和一些小孩玩捉迷藏。有个小孩不知要躲在哪里，看见那有个大缸，便眼珠子一转，踩着假山想进去。结果一看，里面有水，刚想躲别的地方但脚一滑掉了进去。他大声喊救命，小孩们都听到了。有的喊大人救命，有的大哭起来。但是司马光一点也不惊慌。他灵机一动，想出了个好办法，拿起身边的大石头，用尽全身力气，向大水缸砸去。大水缸破了，水流了出来，小孩得救了。这就是广为流传的"司马光砸缸"的故事。

有孩子落水，常规的思维模式是"救人离水"，而司马光面对紧急险情，运用逆向思维，果断地用石头把缸砸破，"让水离人"，救了小伙伴的性命。

洗衣机的脱水缸，它的转轴是软的，用手轻轻一推，脱水缸就东倒西歪。可是脱水缸在高速旋转时，却非常平稳，脱水

效果很好。当初设计时，为了解决脱水缸的颤抖和由此产生的噪声问题，工程技术人员想了许多办法，先加粗转轴，无效，后加硬转轴，仍然无效。最后，他们来了个逆向思维，弃硬就软，用软轴代替了硬轴，成功地解决了颤抖和噪声两大问题。这是一个由逆向思维而诞生的创造发明的典型例子。

传统的破冰船，都是依靠自身的重量来压碎冰块的，因此它的头部都采用高硬度材料制成，而且设计得十分笨重，转向非常不便，所以这种破冰船非常害怕侧向漂来的流水。苏联的科学家运用逆向思维，变向下压冰为向上推冰，即让破冰船潜入水下，依靠浮力从冰下向上破冰。新的破冰船设计得非常灵巧，不仅节约了许多原材料，而且不需要很大的动力，自身的安全性也大大提高。遇到较坚厚的冰层，破冰船就像海豚那样上下起伏前进，破冰效果非常好。

可见，运用逆向思维，必须要求人们向传统思维发起挑战。朋友们，如果你也希望自己能巧妙运用逆向思维，就要做到两点：

第一是富有勇气，大胆开拓。不敢叛逆者，永远是知识的奴隶，成不了创新思维的开拓者。大胆地标新立异，勇敢地开拓荒芜领域，是科学创新者必备的素质。

第二是不怕挫折，锲而不舍。只有经过艰难的探索和长期不懈的奋斗，才能思人类所未思之题，解人类所未解之谜，开创人类新天地。

当然，逆向思维不是抛弃所有的一切，叛逆中要有所创造，必须以批判地继承为前提，没有知识基础的逆向思维是无源之水、无本之木。要在逆向思维中有所创新，必须从学习基础知识入手。

因此，还需要在日常的学习中注重基础知识的积累，在其他条件相同的情况下，知识基础越丰厚牢固，创新的可能性就越大，独创的见解就更加深刻，就能对眼前的一系列"异端"做出准确的判断，使创新更富有准确性、科学性和创造性。

当然，积累知识不能只靠书本，还要善于去"阅读"大自然和人类社会这两部永恒的、没有页码的大百科全书，并努力在知识的博、深、精、活上下工夫。

总之，"逆向思维"能使你打开眼界，在今后的学习、工作和生活中，如果你也能运用"逆向思维"来考虑问题，突破常规，那么，你就可以产生一些新观点，就能给自己打开更多的门，看到更多不一样的风景！

转换思维方式，困境就能迎刃而解

生活中，我们经常会遇到各种各样的困境，甚至认为解决问题不可能，其实很多时候，只要我们转换思维方式，运用逆向思维，困境就能迎刃而解。

第04章
善用逆向逻辑，敢于"反其道而思之"

在美国空军界，大概没有人不知道里美的名字，他是美国战略空军的缔造人之一。

在第二次世界大战期间，里美奉命参加了太平洋战区对日本的作战，当时，作为指挥将领的他指导的是当时美国最先进的飞机——B-29高空轰炸机。这种飞机有着优越的性能，且造价昂贵，当时的美国空军司令部责令这些士兵们及里美要像爱护自己的眼睛一样爱护这架飞机，并声称，如果损失了一架B-29，空军司令部就要对肇事者进行严厉惩治。

既然这一型号的飞机造价昂贵，技术先进，那么，它本应有出色的表现。但实际上，它的作战成绩却并没有人们想象得那么完美，正如有些飞行员戏谑地评论："B-29可以击中任何地方，可就是击不中目标。"原因是飞机自身存在着一些严重的技术问题。

面对这样的情况，里美开始思索怎样才能对这架轰炸机进行有效利用。在广泛听取了作战人员和一些专家的建议后，他果断做出决定，必须对这一型号的飞机进行改造，也就是将飞机上的一些装备和人员进行精简，这样便能装载更多的弹药。他还做出了一个让内行大吃一惊的决定：飞机的飞行高度不能超过7500英尺。很明显，里美将B-29高空轰炸机变成了低空轰炸机。

他的决定遭到了各方面的反对，美国空军部长艾德诺在电话中甚至气愤地说："我们花了大笔经费制造出的高空轰炸机和先进的自卫系统，但现在你的一纸命令就将我们的心血付之东流,你这是在拿飞行员的生命开玩笑,这是违抗命令,如果你非要这样做,我会考虑撤销你的职务。"

里美并没有因为这样的威胁而撤销改造命令,他决定要用结果来证明自己。

改造后的B-29轰炸机没有让里美失望。低空飞机能准确地炸到目标而不是其他任何地方。很明显,里美的战术获得了巨大的成功。

的确,生活中,似乎人们都习惯了以顺向思维来思考问题,而这种思维方式,很多时候,会把我们的思绪带入死胡同,于是,就产生了"不可能",但如果我们从反方向出发思考,就会发现,原来问题如此简单。

那么,朋友们,你们做事情的时候习惯先用逆向思维去考虑吗?社会上的大多数人还是选择跟随主流方向走的,那些与人群相逆的人,常被视为不入流的边缘人士。然而,正如真理往往掌握在少数人手里一样,财富与成功也往往掌握在少数人手里。那些少数的"笨蛋",那些从来不按套路出牌的"笨蛋",却享受着财富和成功的青睐。

换一种思维,就会从另外一个方面判断问题,从而把不利变为有利。换一种思维方式,把问题倒过来看,不但能使你在做事情上找到转机,也能使你找到生活的快乐。

第04章 善用逆向逻辑，敢于"反其道而思之"

反过来思考，一切豁然开朗

逆向思维也叫求异思维，它是对司空见惯的似乎已成定论的事物或观点反过来思考的一种思维方式。我们不得不承认的是，大多数情况下，人们都已经习惯了运用常规思维解决问题，这种思维方式比较直接、容易被人们想到。然而，在需要创新时，常规思维方法不仅不能解决问题，而且会束缚人们的思路，影响人们的创造性。这时，如果善于转换视角，从逆向去探求，从相反的方向去思考，也就是采用逆向思维法，往往会引起新的思索，产生超常的构思和不同凡俗的新观念。逆向思维的巧妙运用，常会给我们带来意想不到的收获。

我国古代有这样一个故事，一位母亲有两个儿子，大儿子开染布作坊，小儿子做雨伞生意。每天，这位老母亲都愁眉苦脸，天下雨了怕大儿子染的布没法晒干；天晴了又怕小儿子做的伞没有人买。一位邻居开导她，叫她反过来想：雨天，小儿子的伞生意做得红火；晴天，大儿子染的布很快就能晒干。逆向思维使这位老母亲眉开眼笑，活力再现。

同样，在创造发明的路上，更需要逆向思维，逆向思维可以创造出许多意想不到的奇迹。可以说，科学史上的每一次创新都是逆向思维的结果，或推翻原有的荒谬学说和过时理论，或突破原有理论限制把科学引向新的领域。

高斯是德国伟大的数学家,小时候他就是一个爱动脑筋的聪明孩子。

在他上小学时,因为班上的一名十分淘气的男孩很难管教,老师便想出了用数学题难倒他的办法,他为这个男孩出了这样一道数学题,让他从1+2+3……一直加到100为止。他想这道题足够这个学生算半天的,这样自己也可以轻松一会儿。谁知道,还没过多长时间,小高斯却举起手来,说他算完了。老师一看答案,5050,完全正确。老师惊诧不已,问小高斯是如何算出来的。

高斯说,他不是从开始加到末尾的,而是先把1和100相加,得到101,再把2和99相加,也得101,最后50和51相加,也得101,这样以此类推一共有50个101,结果当然就是5050了。

遇事要开动脑筋是件说起来容易做起来难的事。高斯的聪明之处在于他能打破常规,跳出旧的思路,仔细观察,细心分析,从而找出一条新的思路。打破旧的思维模式,我们就可以在习以为常的事物中发掘出新意来。

综观科学发展史,每一次创新都促进了科学理论体系和结构的重新建造,使科学产生前所未有的快速发展,推动经济乃至整个社会的变革与进步。那么,是什么推动了科学创新?除了客观上具备的时代条件外，科学工作者主观上的逆向思维是一个非常重要的内在因素。

巧用逆向思维，更易消除人际之间的误解

人际交往中，我们同样可以利用逆向思维来解决人际矛盾和冲突，敢于"反其道而思之"，我们看到的就是事物的另外一个方面。

我们先来看下面一个故事：

从前，有个理发师傅收了一个徒弟。徒弟学艺3个月后出师了。师傅让他正式上岗。他给第一位顾客理完发，顾客照照镜子说："头发留得太长。"徒弟不语。师傅在一旁笑着解释："头发长使您显得含蓄，这叫藏而不露，很符合您的身份。"顾客听罢，高兴而去。

徒弟给第二位顾客理完发，顾客照照镜子说："头发留得太短。"徒弟不语。师傅笑着解释："头发短使您显得精神、朴实、厚道，让人感到亲切。"顾客听了，欣喜而去。

徒弟给第三位顾客理完发，顾客边交钱边嘟囔："剪个头花这么长的时间。"徒弟不语。师傅马上笑着解释："为'首脑'多花点时间很有必要。您没听说过吗？进门苍头秀士，出门白

面书生！"顾客听罢，大笑而去。

徒弟给第四位顾客理完发，顾客边付款边埋怨："用的时间太短了，20分钟就完事了。"徒弟心中慌张，不知所措。师傅马上笑着抢答："如今，时间就是金钱，'顶上功夫'速战速决，为您赢得了时间，您何乐而不为？"顾客听了，欢笑告辞。

故事中的这个师傅，能说会道，巧妙地运用了逆向思维，在几种截然不同的情况下，都能帮助徒弟转危为安，从而使徒弟摆脱了尴尬，让顾客满意离去。

我们来分析一下这位师傅是如何运用语言的艺术来打圆场的：使用"首脑"一词就颇为幽默。将头说成"首脑"，调侃中不失文雅，庄重中又含风趣，从某种意义上讲，还在一定程度上"提升"了顾客的身份。顾客能不开心地大笑吗？再看那"进门苍头秀士，出门白面书生"之语，更是幽默诙谐。至于"如今，时间就是金钱，'顶上功夫'速战速决，为您赢得了时间，您何乐而不为"的解释，幽默的话语中又含带了"与时俱进"的因素，颇有时代气息，这就大大地增加了说服力，更易被对方接受。

生活中，我们与人交谈，总是会出现一些意外情况，比如，对方不怀好意地为我们制造矛盾、当某一话题进行到某种程度时却陷入交流的冲突境地等，这些情况，无论对我们自身，还是整个沟通，都是不利的。而假如此时我们能巧妙地利用逆向思维，让彼此都看到问题的有利面，那么，便能消除误解、起到转移矛盾风向的效用。我们再来看下面这一案例：

吴士宏在应聘 IBM 公司之前，并没有被朋友们看好。因为尽管她聪明伶俐、胆识过人，但是毕竟没有受过任何正规的高等教育，也没有任何的背景，想进入用人十分挑剔的 IBM 公司是十分困难的事情。

在面试的时候，主考官用十分轻蔑的语气问她："你知道 IBM 是家怎样的公司吗？"

对于很多人来说，面对这样的提问，应该用对这家公司的性质规模及企业文化等方面的了解来回答，以取悦主考官。但是吴士宏却并没有浪费大量的口舌去吹嘘这家公司的影响力，而是说："很抱歉，我不清楚。"

主考官愣了，就问道："那你怎么知道你有资格来 IBM 工作？"

吴士宏回答得十分干脆利落："你不用我，怎么知道我没有资格来工作？"之后，她就用英语表示，她能通过自学考试取得和别人一样的文凭就证明自己并不比别人差。在她以前工作过的地方，领导和同事们也都相信他有能力胜任更多的工作。如果 IBM 公司能够给她一个机会的话，她会证实自己的能力和资格。最后，吴士宏又对那位主考官说："我相信，如果贵公司如果不录取我的话，将来一定会很后悔的。"

主考官听完她的讲话之后被她的自信和口才所折服，告诉她说："下个周一你就可以来上班了。"

吴士宏用打破常规的说话方式，充分展现了自己的才智和自信，让主考官从心里愿意聘用她到公司来工作。假如回答主考官问话的时候，只是一味地去迎合对方，恐怕不仅得不到这份工作，反而会让主考官对你产生抵触心理。

从这里，我们也可以得知，我们若希望消除误解、缓解尴尬，苦口婆心地劝说或者正面迎击，都不一定起到效果，而一反常态，从事情的另外一面入手，则会起到完全不一样的效果。

第 05 章

妙用聚合逻辑，得到一个合乎逻辑规范的结论

聚合思维，是人们在生活中最经常使用的一种思维。所谓聚合思维，就是在思维过程中，尽可能利用已有的知识和经验，把众多的信息逐步引导到条理化的逻辑程序中去，以便最终得到一个合乎逻辑规范的结论。聚合思维包括分析、综合、归纳、演绎、科学抽象等逻辑思维和理论思维形式。

聚合思维：创新性思维的另一基本成分

相信学生时代的你在考试时都有这样的困惑：在做选择题的时候，给出的答案选项往往都具有迷惑性，你常常陷入困惑，不知道究竟选择哪个答案，此时，如果你运用聚合思维，你就能直击问题的症结，找到最佳答案。其实，你在学校里的学习、考试，大都是靠聚合思维进行的，因而也可以说，你成绩的优劣，是与你的聚合思维水平关系极为密切的。

那么，什么是聚合思维呢？

聚合思维是指从已知信息中产生逻辑结论，从现有资料中寻求正确答案的一种有方向、有条理的思维方式。聚合思维法又称为求同思维法、集中思维法、辐合思维法和同一思维法等。聚合思维法是把广阔的思路聚集成一个焦点的方法。它是一种有方向、有范围、有条理的收敛性思维方式，与发散思维相对应。聚合思维也是从不同来源、不同材料、不同层次探求出一个正确答案的思维方法。因此，聚合思维对于从众多可能的结果中迅速做出判断，得出结论是最重要的。

因此，生活中的人们，如果你遇到了问题，那么，对于手中掌握的多个相关素材，你也要学会运用聚合思维，找到相关要素，或并列、或正反、或层进，以便在素材运用时能产生"合力"。

第05章
妙用聚合逻辑，得到一个合乎逻辑规范的结论

1960年英国某农场主为节约开支，购进一批发霉花生喂养农场的十万只火鸡和小鸭，结果这批火鸡和小鸭大都得癌症死了。不久之后，在我国，某研究单位和一些农民用发霉花生长期喂养鸡和猪等家畜，也导致了上述结果。1963年澳大利亚又有人用霉花生喂养大白鼠、鱼、雪貂等动物，结果被喂养的动物也大都患癌症死了。研究人员从收集到的这些资料中得出一个结论：在不同地区，对不同种类的动物喂养霉花生，使这些动物都患了癌症，因此霉花生是致癌物。后来又经过化验研究发现：霉花生内含有黄曲霉素，而黄曲霉素正是致癌物质。这就是聚合思维法的运用。

当然，如果你有兴趣再进一步发散思考的话，你还会想下去，那就是既然黄曲霉素是致癌物质，那么凡是含有黄曲霉素的食物也都是致癌物，除霉花生含有黄曲霉素外，还有哪些食物含有黄曲霉素呢？

聚合思维法是人们在解决问题的过程中经常用的思维方法。例如科学家在科学试验中，要从已知的各种资料、数据和信息中归纳出科学的结论；企事业的合理化改革，要从许许多多方案中选取出最佳方案；公安人员破案时，要从各种迹象、各类被怀疑人员中发现作案人和作案事实等，都要运用聚合思维方法。

当然，我们在应用聚合思维方法时，一般要注意三个步骤：

第一步是收集掌握各种有关信息。采取各种方法和途径，收集和掌握与思维目标有关的信息，而资料信息愈多愈好，这

是选用聚合思维的前提，有了这个前提，才有可能得出正确结论。

第二步是对掌握的各种信息进行分析、清理和筛选。这是聚合思维的关键步骤。通过对所收集到的各种资料进行分析，区分出它们与思维目标的相关程度，以便把重要的信息保留下来，把无关的或关系不大的信息淘汰。经过清理和选择后，还要对各种相关信息进行抽象、概括、比较、归纳，从而找出它们的共同特性和本质属性。

第三步是客观地、实事求是地得出科学结论，获得思维目标。

总之，在运用聚合思维时，遵循以上三个步骤，一定能帮你找到问题的症结，从而有的放矢地解决问题。

集中求证，找到解决问题的最好办法

对于这一问题，我们还以日常学习中的选择题为例。你发现没，有时候，你所做的题好像是多项选择，因为每个答案看起来都很正确。此时，你该怎么办？如果你拿不定主意，不妨用聚合思维来解决。因为聚合思维发生于当相关题只有一个正确答案或一个最好的解决方案时。智力测验一般衡量的也是聚合思维的发展水平。

我们先来看下面一个生活中的故事：

14岁的周周已经上初中了，在众多科目中，她最喜欢历史，这与她的家庭环境有关，她的父亲是个历史学教授，从小时候开始，她就很喜欢那些古老的东西，她也喜欢看父亲书房中的那些历史书，而到了初中，她终于可以正式接触历史这门课了。然而，当她真正学习历史时，却发现这门课并没有想象中那么简单。

这天，周周放学后就钻进自己房间，爸爸心想，周周真是个爱学习的孩子。晚饭时，周周嘬着嘴从房间走出来，看样子是遇到学习上的问题了，爸爸试探着问周周："孩子，怎么了？是不是遇到什么问题解决不了？"

"爸爸，我觉得历史老师有点为难我们。"

"这话怎么说呢？"

"今天回家的这些试卷上的题目是历史老师自己出的，您说过，历史一定要尊重现实，可是他给的那些选择题的答案却都是摸棱两可的，好像所有答案都可以，历史书上也找不到答案，您说怎么办？"周周很委屈地说。

"孩子，很高兴你记住了爸爸说的话，历史的确是要尊重事实。但同时，无论是时间、地点还是事件、人物，正确的答案只有一个，所以，老师给出的选项里只有一个答案是正确的。至于要怎样找到这个答案，你可以综合书本知识和其他选项，把所有的问题倒过来想想，运用聚合思维，我相信你能解决。"

"聚合思维，什么是聚合思维？"周周好奇地问。

"你可能听过发散思维吧，思维漫无边际地发散后，总是要聚合的，集中有价值的东西，才是真正的创造。从创造性目的上看，是为了寻找客观规律，找到解决问题的最好办法。聚合思维集中了大量事实，提出了一个可能正确的答案（或假设），经过检验、修改、再检验，甚至被推翻，再在此基础上集中，提出一个新假设。"

"好吧，虽然我对您的话不是特别理解，但大致也知道了含义，我现在知道怎么做了。"

从周周爸爸的话中，我们得出一个道理：很多时候，某个问题，看似有很多答案，但在经过聚合思维的逻辑推理、反复求证后，我们会发现，有些问题的答案可能只有一个。

的确，聚合思维在筛选新方法、寻找新答案、得出新结论时需有思维的广阔性、深刻性、独立性和批判性等思维品质。思路广泛，善于把握事物各方面的联系和关系，善于全面地思考和分析问题，才能选择具有新意的结果。善于深入地钻研和思考问题，善于区分本质与非本质特征，善于抓住事物的主要矛盾，正确认识与揭示事物的运动规律，预测事物的发展趋势，才能寻找出立意深刻的新结论。从众多可能的设想、方案、方法中筛选出最正确的答案、最佳的解决办法等更需要思维的独立性和批判性。能独立思考问题，探讨事物的本质及其发生发展的规律，在解决问题时不拘泥于现在的方法，有自己独特见解和方法的人才能得出新的答案。

当然，最终，你依然需要在众多的答案中做出批判性的取舍。没有思维的批判性，就无法对答案进行评价，无法区分哪些是合理部分，哪些是不合理部分，也无法求得唯一正确的答案。

思维不仅要发散，更要收敛

前面，我们已经提到了聚合思维，聚合思维又叫收敛思维。通常来说，人们强调的都是在思考的过程中要注意发散思维（求异思维）的运用。求异思维表现为"以一趋多"，而求同思维表现为"以多趋一"，就是思维主体把从不同渠道得到的各种信息聚合起来，重新加以组织，使之明确无误地指向一个（或一种）正确的选择。

不得不承认的是，无论是学习还是创造，发散思维是必不可少的，然而，光靠发散思维是不够的，因为一味发散，不知收束，必然导致四面出兵、兵力分散的局面。因此在发散的基础上要有所收束、有所集中，以使思考力集中在一个方向上进行突破，从而使构思得以深化。例如秦牧的散文《土地》，尽情发散，引用古今中外许多材料，看起来形散，但是文章以

"要珍惜和热爱自己的土地"这一主题，把材料统摄起来，这个收束就是收敛思维的结果。

可见，人类的思维发散到了一定程度，就要进行收敛，进行比较和综合，只有这样，你才能找到思维的突破。

从这里，我们应该能看出收敛思维的与众不同之处了。它具体体现在三个特点上：

第一是概括性。平时开会，在大家发言的基础上，总要把议题和意见集中一下，把众多的不同见解加以归纳综合，这就是收敛思维的概括性。

第二是程序性。收敛思维总是在考虑应该怎样解决问题，解决问题的程序是什么，先做什么，后做什么，一步接着一步，这样才能使问题的解决有章可循。

第三是比较性。就是以一个目标为归宿，即在现有的几种途径、方案和措施中，通过比较，寻找一个较合适的途径、方案和措施，其中，最好的、最合适的则是相对的。

那么，怎样才能学会巧妙地运用收敛思维呢？我们不妨先做下面的训练：

（1）生命是什么？请用形象化的比喻来说明这个问题，也就是说，把你所理解的生命同一个具体的事物作一番求同类比，注意二者的相似性。

（2）我们的班级怎么样？请用比喻的方式来描述它的特征。

（3）"大排·豆腐·学习"是一篇作文的题目，试找出它们三者之间的内在联系，用简洁的文字加以表述。

以下是参考答案或提示：

（1）生命如同烹调菜肴一样，菜肴的味道完全取决于调料和你的烹调技巧，你可以按照固定不变的食谱来烹调，也可以随意发挥。或：生命如同一串散乱的念珠，随便你怎么串连组合，都能够变得五光十色。或：生命如同一只顽皮的卷毛狗，不断地在充满防火栓的街道上寻寻觅觅。或：生命是一座你不想找到出口的迷宫。

（2）我们班就像古代的一艘木船，有的人用尽全力划桨，有的人则半心半意划桨，还有些人袖手旁观，根本不划桨，不少人随时准备跳水游到别的船上去。我们的船长则是根据船后面的航迹来掌握方向。

（3）大排、豆腐对人体都有营养，不可偏废。学生的学习也不可过早偏科，而应全面而扎实地打好学习基础。

的确，发散思维和收敛思维各有其优劣势，在思维过程中它们是相辅相成、互相补充的。如果只有思维的发散过程，而无收敛过程，尽管可以爆发出许多思维创造的闪光、智慧的火花，但由于不能统一起来，不能形成集中的思维力量，仍然会使思维失去控制而陷入无序状态，发散无边，就成幻想、空想、乱想。实际上，人的思维发散到一定程度，就要收敛一下，进行比较，寻找较好的解决问题的方案，然后在新的基础上再进行发散，进而在更高的层次上再收敛。

辏合显同法：依据统一的标准"聚合"感知对象

我们都知道，聚合思维就是集中思维法，它能帮助我们归纳出事物的某一属性。在逻辑思维过程中，收敛性思维能帮助你尽可能利用已有的知识和经验，把众多的信息逐步引导到条理化的逻辑程序中去，以便最终得到一个合乎逻辑规范的结论。收敛性思维包括分析、综合、归纳、演绎、科学抽象等逻辑思维和理论思维形式。

因此，我们不难得出聚合思维的一个方法——辏合显同法：寻找共同规律。所谓辏合显同法，就是把所有感知到的对象依据一定的标准"聚合"起来，显示它们的共性和本质。

我国明朝时，江苏北部曾经出现了可怕的蝗虫，飞蝗一到，整片整片的庄稼被吃掉，颗粒无收。徐光启看到人民的疾苦，想到国家的危亡，毅然决定去研究治蝗之策。他搜集了自战国以来两千多年间有关蝗灾情况的资料。

在这浩如烟海的材料中，他注意到蝗灾发生的时间，151次蝗灾中，发生在农历四月的有19次，发生在五月的有12次，六月的有31次，七月的有20次，八月的有12次，其他月份总共只有9次。由此他确定了蝗灾发生的时间，大多在夏季炎热时期，以六月最多。另外他从史料中发现，蝗灾大多发生在河北南部，山东西部，河南东部，安徽、江苏两省北部。为什么多集中于这些地区呢？经过研究，他发现蝗灾与这些地区湖沼分布较多有关。他把自己的研究成果向百姓宣传，并且向皇帝呈递了《除蝗疏》。徐光启在写《除蝗疏》的整个思维过程中，运用的思考方法就是我们讲的"辏合显同法"。

其实，我们不难发现，辏合显同法其实和数学中的不完全归纳法有异曲同工之妙。因此，如果数学学得好，那么，你的聚合思维能力也一定会有所提高。

例如，求多边形内角和的公式时，先通过求四、五、六边形的内角和去寻找规律。从每个多边形的一个顶点引出所有的对角线，这样，四边形被分成 2 个三角形，五边形被分成 3 个三角形，六边形被分成 4 个三角形。由此，可以发现所分得的三角形的个数总比它的边数少 2。而每个三角形的内角和是 $180°$，因此，归纳出 n 边形的内角和为 $(n-2) \times 180°$。这种归纳法是以一定数量的事实为基础，进行分析研究，找出规律。

但是，由于这种方法是以有限数量的事实作为基础而得出的一般性结论，因此作出的结论有时可能不正确。虽然这种方法的结论不一定正确，但它仍是一种重要的推理方法。

当然，由于辏合显同法只考察整体的部分对象是否具有某种属性以后，就给出整体是否具有某种属性的结论，所以这个过程也并不严谨，得到的结论也并非一定正确。但我们可以运用一些有效的策略，让它尽量做到合理，让得出的结论不至于经不起推敲，确保其具有正确性，同时促进归纳推理能力的发展。

目标识别法：围绕目标进行收敛思维

生活中，通常来说，我们遇到的大量问题都比较明确，很容易找到问题的关键，只要采用适当的方法，问题便能迎刃而解。但有时，一个问题并不是非常明确，很容易产生似是而非的感觉，把人们引入歧途。这个方法要求我们首先要正确地确定搜寻的目标，进行认真地观察并作出判断，找出其中关键的现象，围绕目标进行收敛思维。这就是目标识别法。

所谓目标识别法，指的是确定搜寻目标（注意目标），进行认真地观察，作出判断，找出其中的关键，围绕目标定向思维，目标越具体越有效。

第一次世界大战期间，法国和德国交战时，法军的一个旅司令部在前线构筑了一座极其隐蔽的地下指挥部。指挥部的人员深居简出，十分隐蔽。不幸的是，他们只注意了人员的隐蔽，而忽略了长官养的一只小猫。德军的侦察人员在观察战场时发现：每天早上八九点钟左右，都有一只小猫在法军阵地后方的一座土包上晒太阳。德军依此判断：

（1）这只猫不是野猫，野猫白天不出来，更不会在炮火隆隆的阵地上出没；

（2）猫的栖身处就在土包附近，很可能是一个地下指挥部，因为周围没有住户；

（3）根据仔细观察，这只猫是相当名贵的波斯品种，在打仗时还有兴趣养这种猫的决不会是普通的下级军官。

据此，他们判定那个掩蔽部一定是法军的高级指挥所。随后，德军集中六个炮兵营的火力，对那里实施猛烈袭击。事后查明，他们的判断完全正确，这个法军地下指挥所的人员全部阵亡。

这里，德军之所以在此次战役中取得胜利，就是因为他们巧妙地运用了目标识别法——根据法军阵营的一只猫的行踪发现了法军的高级指挥所。

在生活中，你可能也会常常遇到选择目标的情况，比如，在某次学校组织的活动中，你急需上交一篇计算机打字稿，但学校文印部的打字员不在，你可能就用比打字员长的时间自己打出来上交了。可能和你一起参加此次活动的人会指责你说：你的打字水平太低，太不规范，而且速度慢，应该先去打字班训练。

这里就有目标的问题，前者是为了及时交上打字稿件，不是为了学习打字。而后者则是学习了规范打字，可以提高打字的速度和质量。显然，目标不同，处理问题的方法也会不同。

当然，运用目标识别法思考问题，需要你根据两个步骤来完成思考过程：

1. 定位目标

当然，运用这种思维方法思考问题时，需要我们做到将目标定位准确。目标的确定越具体越有效,不要确定那些各方面条件尚不具备的目标,这就要求人们对主客观条件有一个全面、正确、清醒的估计和认识。目标也可以分为近期的、远期的、大的、小的。开始运用时,可以先选小的、近期的,熟练后再逐渐扩大。

2.对目标进行分析和判断

案例中的德军在看到这只名贵品种的猫以后进行的一番分析和判断是正确的,正因为如此,他们巧妙地攻破了法军的高级指挥所。

因此,我们可以发现,能不能巧妙地运用这种方法解决问题,定位目标只是初级的一步,最重要的还是你的分析和判断能力。

总之,在日常生活、工作和学习中,你若希望运用目标识别法解决难题,就要具备敏锐的观察力和洞察力,以及缜密的分析能力和判断能力。

第06章

懂得换位逻辑，能助你轻松了解他人的想法

在日常生活与人际交往中，人们似乎已经习惯从自身的角度思考问题，但实际经验告诉我们，只顾自己感受、只表达自己的需求，往往是"孤掌难鸣"，事与愿违。而站在他人角度、懂得换位逻辑，是更有同理心的表现。站在对方的角度考虑问题，能了解他人的想法，让对方感觉到被理解、认同和欣赏，更易达成我们的目的。

表达善意，能消除人际心理隔膜

社交活动中，我们与人交流，尤其是在初次见面的时候，能否达到最终的沟通目的，取决于我们和对方心理距离的远近。善于社交的人，可以与对方一见如故，相见恨晚；处理得不好的人，只能导致四目相对，局促无言。如果与人对话时我们多从沟通的角度出发，多一点将心比心的理解，多说一点善解人意的话，那么，语言表达就容易引起对方的共鸣，一种独特的亲和力也就寄寓其中了。

张阿姨身体一直不好，有心脏病，还经常失眠。最近，隔壁好像在装修，经常一大清早施工人员就来了，夜间失眠的张阿姨好不容易睡着，又被吵醒了。为此，张阿姨的儿子很生气，要去找邻居理论一番。

谁知道，第二天一早，对面的邻居就敲开了张阿姨家的门。张阿姨从厨房走出来，这位邻居急忙上前做了一个作揖的姿势："大妈，我今天来，是想说声对不起，我今天才知道您心脏不好，昨天打扰到您了。不过您放心，我给工人说好了，装修时间就定早上8点半到中午11点半，下午2点开始，晚上最晚到6点，他们如果违反规定，我就扣他们的工钱。这是我的名片，他们如果做得不好您就给我打电话。"

第二天装修的时候，这些工人果然遵守这位邻居定好的规定，而且很会办事，他们在使用那些噪声比较大的工具时，都会和张阿姨说一声，让老太太有个思想准备。以前，其他邻居在装修的时候，整个楼层的人都会倒霉，不仅是噪声，楼里楼外又脏又乱。而这家的装修工人却把废料装在编制袋里，整齐地码放在楼角处。每天，他们在装修完之后，都会把这些废料一起带走。另外，他们严格遵守规定的工作时间，所以楼层的邻居们都没有被吵到，两居室虽然装修了两个多月，时间有点儿长，可没招来邻居一句抱怨。

为此，张阿姨对儿子说："多替人家想想，就没什么可生气的。"

的确，替别人着想是一种美德，是解决问题的重要途径。换个角度来讲，替别人着想，不仅释放了自己，改善了自己的心境，使自己不容易生气，还能减少人际间的矛盾，让彼此关系更进一步。

我们在与朋友交往的过程中，也应该和故事中的邻居及张阿姨一样，凡事多从对方的角度考虑，让对方感受到你的贴心，那么，对方便也会把你当贴心的朋友。具体来说，我们可以这样做：

1. 凡事多询问对方的意见和想法

询问与倾听，不仅能防止自己为了维护自己的权利而侵犯他人，还能帮助我们鼓励对方说出自己真正的想法，了解他们的愿望与感受。一个懂得沟通艺术的人，都是善于通过倾听来获得好感的。

2. 说话要有耐心

耐心地说话，不仅有利于对方听懂你的意见，更能让你慢条斯理地理清思绪。生活中，人们经常因为没有花时间反思自己的先入之见而身陷糟糕的交谈中。心理学家把这种急切的心态称为"确认陷阱"——他们没有去寻找支持自己想法的证据，同时又忽视了那些能证明相反意见的证据。

3. 产生利益争端时退一步

在交往中，如果与人产生了利益争端，应当把自己和对方所处的位置关系交换一下，站在对方的立场上，以他的思维方式或思考角度来考虑问题。这样，通过换位思考，你就会发现，他的要求并不过分；通过换位思考，你会真切地理解他此时此地的感受；通过换位思考，你也会变得宽容。

总之，人都是感情的动物，人际交往中，"用刑"不如"用情"，多为对方考虑，站在对方的立场说话，他会觉得你在为他着想，对方就会感怀于我们的真情实意。

动之以情，设身处地地为他人着想

现代社会，人与人之间的语言交往空前频繁。无论是讲演还是谈判，人人都是想通过"说"来征服对手。而要想成功说服对方，首先得辨析对方的心性，了解其内心世界。然后，要针对对方心理"对症下药",找到说服对方的有效途径、方法。如果从正面不能说服的话,不妨考虑转换一下思维,从对方能接受的角度入手。然后根据对方的需要,提出你的新主张,从而让对方放弃自己的旧主张,达到说服对方的目的。

我们来看下面的故事:

这天,左师触龙走上前,说:"我一直担心太后的玉体欠安,所以今日特来看望。"触龙向赵太后请求道:"我的小儿子是最不成才的,可最得我的疼爱。我恳求太后让他当一名卫士。"

赵太后说:"真想不到你们男人也疼爱小儿子呀!"触龙说:"恐怕比女人还厉害呢!"太后不服气地说:"还是女人更爱小儿子。"触龙见时机已到,说:"老臣认为您爱小儿子爱得不够。"他说:"想当初,您送女儿远嫁燕国时,希望她的子孙相继在燕国为王。这才是真正的爱。"

太后信服地点了点头,触龙便接着说:"您如今虽然赐给长安君许多土地、珠宝,但如果不让他有功于赵国,长安君能自立吗?"触龙这番话说得赵太后心服口服。她立即命人为长安君准备车马、礼物,送他前去齐国当人质。

触龙一开始并没有直接劝谏,而是在聊天之中,动之以情,说出了老太后的担忧,尽管是在批评老太后,但是却是在为她设身处地地考虑。最终,赢得了老太后的欣赏。

的确,人在内心中对自己非常的忠诚,对于反对和批评会产生强烈的抵触和对抗，心里觉得对方并不了解自己。相反，如果你能设身处地地说出为对方的担忧，表达你的同情和理解，别人心里就会感觉到温暖，抵触的情绪就会减弱。基于人们的这种心理，在表达批评的时候，不妨动之以情，设身处地地为他人着想，说出对方内心的担忧。

一天，老王来到一家餐馆就餐，发现汤里有一只苍蝇，这很令他倒胃口，于是，他找来服务员，并质问他，可没想到服务员却全然不理，好像没听见他的抱怨一样。

后来，气愤中的他亲自找到餐馆老板，提出抗议："这一碗汤究竟是给苍蝇的还是给我的，请解释。"

那老板一听，把责任全推在服务员身上，于是，只顾训斥服务员，却全然不理睬他的抗议。

老王只得暗示老板："对不起，请您告诉我，我该怎样对这只苍蝇的侵权行为进行起诉呢？"

那老板这才意识到自己的错处，忙换来一碗汤，谦恭地说："您是我们这里最珍贵的客人！"

说完，大家一起笑了。

我们不得不佩服老王的气度，很多人在这种情况下，势必会大发雷霆，当然，这样做对事情的解决毫无帮助。而老王虽然是有理的一方，却没有颐指气使，也没有对老板和服务员纠缠不休，而是借用所谓苍蝇侵权的比喻暗示对方："只要有所道歉，我不会追究。"这样老板也就明白了他的话，"苍蝇事件"自然也就在十分幽默风趣又十分得体的氛围中化解了，避免了双方的尴尬和窘迫。

其实，人际交往中，说服别人，如能从被说服对象的心理角度入手，往往能取得事半功倍的效果。而如果对倾听者不加分析，交往就会遇到重重阻力。在生活中，这样的例子非常多。比如，有一位先生，请一位室内设计师为他的居所布置一些窗帘。当账单送来时，他大吃一惊，意识到在价钱上吃了很大的亏。过了几天，一位朋友来看他，问起那些窗帘时，说："什么？太过分了。我看他占了你的便宜。"这位先生却不肯承认自己做了一桩错误的交易，他辩解说："一分钱一分货，贵有贵的价值，你不可能用便宜的价钱买到高品质又有艺术品味的东西……"结果，他们为此事争论了一个下午，最后不欢而散。可见，即使一个人犯了错误，也不愿意被别人贴上标签。与其说："你错了"，倒不如换个角度，迂回一点寻找说服的方法。

那么，我们该怎样做呢？

1. 切莫让对方先入为主

如果在开始说话前，对方就已经对你树起了警戒或者对立的态度，那么，说服的难度自然就会加大。所以我们应当一面巧妙地疏导和松懈对方的戒心，一面小心地辅以适当的劝服，这样对方就比较容易接受。

2. 掌握火候，别在一开始就讨论双方的分歧点

如果一开始我们就反对对方，那么，对方只会产生逆反心

理；而反过来，如果我们站在了对方的角度说话，先肯定他，或者讲些对方愿意听的话，那么，共同点找到后，你再表达自己的观点，对方会更容易接受。

3. 注意自己说话的态度，说服忌批评

假若你劈头盖脸地批评对方，那么，这无疑是火上浇油，会使对方迁怒于你。所以劝服别人一定要注意自己说话的态度，真诚恳切而又平心静气地向对方陈述，使对方信任你，才有可能说服对方。

总之，我们要对对方进行一番了解，当正面说服容易使对方产生对立情绪时，不妨采用迂回方法：或退一步，或从侧面，或步步为营。总之，要从对方可以接受的角度入手，从而让对方在不知不觉中接受你的意见。

结识有能力者，你也会有机会获得改变

犹太经典《塔木德》中有这样一句话："和狼生活在一起，你只能学会嗥叫；和那些优秀的人接触，你就会受到良好的影响。"西方有句名言："与优秀者为伍。"日本有位教授手岛佑郎，研究犹太人的财商，他得出的结论是："穷，也要站在富人堆里。"他后来还以此作书名，写成了一本著名的畅销书。同样，如果我们多结交优秀的人，那么，我们也会受其影响，

"集众家专长于一身"，变成优秀的人。当然，结识有能力者，并不是让你趋炎附势，而是一种学习他们的能力的方法，更能被他们积极上进的精神鼓舞。

或许你会认为，带着目的交际、结交那些优秀者是一件有心机的事。你是不是也常和一些对自己完全没有帮助的朋友见面，每次连自己都感到是在浪费时间和金钱，却把它当作是讲义气呢？朋友应该具备值得自己学习的地方，这样才能彼此进步，建立良好的长久关系。人们固然愿意结交与自己类似的人，同时，在和这样的人交往时，也会慢慢成为像那样的人。因此，结交什么样的朋友，就足以说明自己也是什么样的人。另外，结交不一样的人，也会有改变的机会。我们先来看看保罗·艾伦和比尔·盖茨之间的友谊：

保罗·艾伦是微软的创始人之一，他多次在《福布斯》富豪榜上名居前列，2005年再次排行第7位。

现今52岁的保罗·艾伦，似乎一直以来都被掩盖在比尔·盖茨的光环之下，人们只知道他和比尔·盖茨共同创立了微软，却忘记了正是他把比尔·盖茨引入软件这个行业。而就是这样一个软件业精英、一个富于幻想的开拓者、一个为玩耍一掷千金的豪客、一个总是投资失败却成功积聚巨额财富的商界巨子，却在创造着一个传奇——他有取之不尽的财源、独树一帜的投资理念，也有与众不同的成功标准。

1968年，与盖茨在湖滨中学相遇时，比盖茨年长两岁的艾伦以其丰富的知识折服了盖茨；而盖茨的计算机天分，又使艾伦倾慕不已。就这样，两人成了好朋友，随后一同迈进了计算机王国。艾伦是一个喜欢技术的人，所以，他专注于微软新技术和新理念；盖茨则以商业为主，销售员、技术负责人、律师、商务谈判员及总裁一人全揽。微软两位创始人就这样默契地配合，掀起了一场至今未息的软件革命。

有人说，没有保罗·艾伦，微软也许不会出现，但如果不是托盖茨的福，艾伦也许连为自己的"失误"买单的钱都不可能有。而这并不是偶然。比尔·盖茨曾这样说过："有时决定你一生命运的就在于结交了什么样的朋友"，换句话说，从某种角度而言，你与之交往的人或许就是你的未来。保罗·艾伦与比尔·盖茨就是这样互相决定了彼此的未来。

保罗·艾伦与比尔·盖茨的故事告诉我们一个道理：与优秀的人在一起，优秀将成为一种习惯。机会不是天外来物，而是人创造的，能力突出者显然会带给你更好的机会。更重要的是，与他们相处，可以提高自己的能力，不仅可以从他们的成功中学到经验，而且可以从他们的教训中得到启发。我们甚至可以根据他们的生活状况改进自己的生活状况，成为他们智慧的伴侣，这自然也会使你变得更优秀。

我们要结识那些优秀的人，就要做到：

1.**不局限于你经常接触的圈子**

除非你本身已经是个很高端的人物。譬如学生就可以争取以志愿者的身份参加各种重要活动、成功人士讲座、校外会展等；毕业生争取进入一流大公司，通过职业交际结识更多的杰出人士。

2. 我们要学会察人

人际交往中的察人，指的是从细小处掌握交际对方的动、静态。其实，生活中，很多时候，我们人生道路上的贵人并不是位高权重者，但他们具有一些内在的潜质，我们要善于发现。我们可以从他的神态、表情中探查其内心世界，从言谈举止中细品其生活品位的高低雅俗。这是一门巧识人心的绝艺，当然，这需要我们有慧眼识人心的洞察术，一眼洞穿别人。

3. 我们要完善自身

固然，通过交际结识生命中的"贵人"是我们成功的重要手段，可是自身素质的高低始终是决定我们成功与否的主要因素。

做到以上这些，我们不仅能在交际中如鱼得水，还能找到适合自己的社会位置，让我们有用武之地，能发挥自己的能力，让我们的人生不再黯淡！

总之，与人接触是人成长中的重要一课，与积极向上的人为伍，所思所想、所见所闻均积极乐观，可以受到积极心态感染，使思想开朗豁达，从而像他们一样积极地看问题、思考问题，形成正确的思维方式，养成良好的习惯！

雪中送炭，对方更会感激于你

中国人常说，患难见真情，真正的朋友是能分担你忧愁和痛苦的人，也最能经得起时间和磨难的考验，他们不会大难临头各自飞。因此，在与人交往的过程中，如果我们希望将双方的关系升级，就要学会把握住帮助朋友的机会。因为通常情况下，一个人在落魄的时候，他的内心一般都比较脆弱，他可能比平时更需要别人的安慰和帮助。在这时，如果你能出现，给予对方及时的帮助，那么，你会成为他的知心朋友。

在北方某个城市有个很出名的火锅店。刚开始的时候，这家火锅店并不怎么出名，公司的李总也一直希望通过加盟连锁形式来做大做强，但具体的策划方案不知道怎么出，还有太多的细节问题。于是，在秘书的建议下，他找来一家专业的咨询公司，然而，三个月下来，对公司的企业文化都没有破题。

作为公司加盟部经理的张磊看在眼里，急在心里。其实，他已经是胸有成竹，准备将自己的想法告知李总，但他又转念一想，这么做不妥：不能在不对的时机献计献策，因为当领导把信任投给咨询公司时，再好的建议也会被他们淹没，只有当他们无计可施时，我站出来贡献智慧，才会被领导重视。聪明的张磊只静观其变而不提出任何建议。后来，咨询公司无计可施时，张磊向李总贡献了独到的企业文化理念和加盟策略，一举赢得了李总的高度重视。公司的加盟效果特别明显，公司在不到一年时间里加盟了300多家企业。

这次以后，以前不怎么看得起张磊的李总也终于明白什么叫"七步之内必有芳草"的道理，从此把张磊作为心腹和左膀右臂。

这则故事中，李总为什么会把张磊当成自己的心腹？这里，张磊不仅有实力，更难能可贵的是，他并没有急于表现自己，而是等待时机，等到上司无计可施时才献计献策，他这种懂得掌控时机的智慧的确值得我们很多人学习。

我们发现，那些成功者，多半都深谙维系人脉的重要性，在他人需要帮助的时候，他们也都能伸出援手。当然，广施恩情，并不是说需要我们做作地对他人施以恩情，而是内心怀着这样一份情感。对于那些值得我们交往的人，我们需要真诚地施以恩情。

当然，我们对朋友伸出援助之手，也要懂得把握时机，具体来说，要做到以下三点：

1. 找准时机，不到关键时刻不出手

这里的时机，指的是已经确定朋友确实无计可施、走投无路。试想，如果我们并不能解决危机而强出头，那只会让朋友对我们产生一种没有自知之名的坏印象。

2. 揣摩朋友的心思，不要等他开口寻求帮助

你作为他的朋友，一定要贴心，要懂得主动提供帮助。因

为很多人都很爱面子，他们即使有困难，也不愿意主动开口，此时，就需要我们细心揣摩。

3. 加以行动，证明自己足以信任

前面两条都是停留在表面，都是在关键时候的个案，要成为朋友真正的知己，最重要的一点就是要有实力，用实力说话。

的确，在工作与生活中，每个人都有自己的苦恼，我们的朋友也不例外：他们可能会因为工作头绪繁多而忙得焦头烂额，可能突然遇到了一些经济问题，也可能突然遭遇灾难……此时，我们要学会关心帮助别人。患难识知己，逆境见真情。一个人遭遇失意、遇到困难时，对周围的人和事会更敏感，在他们看来，这是体现一个人是否是真朋友的最佳时刻。因此，如果你能在此时对那些失意者伸出援手，那么，你便很快能赢得人心、建立良好的人际关系；而相反，假如你冷漠、麻木，怕招引麻烦，交往很可能因此而中止。

放下成见，实现共赢

人生在世，谁都会有几个与自己合不来的对手甚至是敌人。然而，聪明的人总会懂得双赢的道理。他们深知人际关系并不是一成不变的，因此，为了实现共赢这一目的，他们常常能放下成见，主动示好，并最终获得令双方都满意的结果。

第06章
懂得换位逻辑，能助你轻松了解他人的想法

杰克和路易斯同为学校篮球队的队员，杰克在队中司职后卫，路易斯则是一名小前锋。大学阶段的他们都非常率真，尤其体现在向异性表达自己的真心。不巧的是杰克和路易斯都对同一个女生表达了自己的爱慕，一对好朋友就这样变成了情敌。这种敌对情绪使得二人的关系非常紧张，彼此间变得非常冷漠。但是在赛场上，两个人仍然并肩作战，在一场关键的比赛当中，还是路易斯接到杰克的传球将球投进，锁定了本队的胜利。就这样，赛后两个人重归于好。

杰克和路易斯虽然因为一个女孩变成了情敌，但是赛场上两个人面对着共同的对手，就重新成为了朋友，并且借着赛场上的友谊化解了两个人之间的敌意。

当你换一个角度去看你的敌人时，他很可能就是你所需要的朋友。当你付诸行动去打动对方时，对方会被你并不把他当成敌人的诚意所打动，这时就真的成为了你的朋友。

的确，人与人之间，是存在一定的利益相关性的，一个人的利益变化会直接影响到他周围的人的利益变化。

有两家面粉加工厂，他们同时为一家大型的面包连锁机构提供原料。刚开始，两家工厂为了获得这家机构的永久供应权，总是争来斗去，甚至互相抵毁，结果这家面包连锁机构倒是从中获取了好处。这家机构趁机压价，两家工厂都遭受了严重的损失。后来这两家工厂都意识到了这一点，于是，他们

的两个厂长终于坐下来互相道歉，并决定联手，这才挽回了局面。正所谓鹬蚌持争，渔翁得利。因此，在商场上没有永远的敌人，对于竞争对手，要以朋友的心态对待，并与对方结成战略同盟，一起维护共同的利益。

可见，在人际交往上，敌对往往是由于客观条件或者自己的意识作用所致，客观的环境变化了，自己的思想转变了，那么关系也就缓和了。如果你肯对平时对你充满敌意的人说一句关心的话，做一件有意义的事，那么对方很可能会在对你的态度上有一个180°的转变。

双赢，需要双方都让一步

当今社会，我们常常听到"双赢"一词，所谓双赢，指的就是交往双方都采取利于彼此的措施。无论是国际争端还是商务谈判，其实都可以找到一条双赢的措施，这就需要双方都让一步。举个再明显不过的例子，大家一起排队坐公交车，如果都争相上车，谁也不让谁，最终结果只能是所有人都堵在车门口；而如果所有人都遵守前后秩序，一个个排队上车，这样，不仅所有人都能坐上车，还为大家节省了时间。

实际上，人与人之间也会产生利益上的冲突，此时，如果两人都不肯让步,那么,必定会闹到不可开交的地步。作为其中一方的你,如果真的"争赢"了,那么,你还是输了,因为从长远的角度看,那种置朋友利益于不顾的所谓"胜利者",最终将不会获得任何人的信任与好感,将成为社交中的弃儿。所以,胜利与失败并不是社交活动最好的结果,最好的结果是双赢,正如这句广告词一样:"大家好才是真的好"!

因此,与人交往,我们要学会运用双赢的思维,引导朋友看到对双方都有利的合作方式、利益点等,这样,就能得到一个皆大欢喜的结局。

杨建是一家油漆公司的销售主管,他们公司推出的油漆有环保、无异味的特点,很符合现在家居环保的要求。基于这一优点,杨建所在的这家公司的生意一直做得很好。

最近,他联系了一家地产公司的李经理,他们洽谈了许多合作事宜。但是,李经理坚持要降价,这一点让杨建很为难,他需要回去和上级领导商量,于是谈判暂时搁置。不久后,杨建和李经理再次坐在了谈判桌旁。

"李总,你好!关于您提出降价的条件,我已经与公司上级领导商量过了。我们都觉得,如果您能在贵小区优先替我们旗下的新油漆公司做广告宣传的话,我们公司愿意以最低的价格与您这样的大客户长期合作。"

"不好意思,我们从不会为住户主动推荐哪种油漆。"

"您误会我的意思了,我们并不是希望您推荐,我们只需要一个安全的宣传环境就行。"

"你们要宣传多久?"

"从开盘开始后的一年内。"

"可以。"

最终,李经理以最低的价格落成了新的楼盘,而杨建所在公司旗下的新产品油漆也得到了大力的宣传,销量很好。

案例中,作为谈判方的代表,杨建的聪明之处,就是利用了双赢这一原则,让客户和销售员都实现了利益互补,交易达成必然水到渠成。其实,人际交往中,我们与朋友相处,也应运用这一思维。社会总是会有竞争,人与人之间也总是存在利益的不平衡,关键在于我们抱什么样的态度。只要抱着"我好,你好"的双赢态度,按照这个原则去处理人际关系,你就能获得比较理想的结果。

那么,在人际交往的过程中,我们怎样运用双赢思维呢?

1. 找出双方利益的平衡点

这个利益点,就是双方交流的中心,也是能成功打动对方的前提。当然,这还需要你做出让步,才能达成共识,一味地坚持,只会争个面红耳赤。其次,一定要有长远的眼光。要记住,这次的"妥协"和"退让"只是为赢得信任和下一次的合作彩排而已。

2. 学会站在对方的立场说话

一位成功的推销员这样说道:"当我不去追求自己想得到的

东西，而是去帮助别人得到他们想得到的东西时，我在经济上就会获得更多的成功，而在生活中也会有更多的乐趣。"的确，无论是从事推销工作还是进行社交活动，这是强化心理感受、获得心理认同感的重要方面。

3.学会逻辑演绎，让对方接受"利益点"的变化

人与人之间的交际常常是一种利益交换的过程。这种交换不仅可以指物质上的，更可以指精神上的，比如赞美、声望等，有时候，这更能使对方获得心理上的补偿。

因此，我们在交际中，必须学会引导对方的想法，以利益为核心，经过层层推进，让对方接受利益的均衡。

总之，社交生活中，要想与他人和平相处，我们就要懂得互惠互利，争取双赢。

抬高他人，能满足他人的虚荣心

心理学专家曾指出：所有的人都希望能获得他人的恭维和赞扬，这样才能显出他们与众不同的位置，让他们获得足够多的自我认可，满足虚荣心。为此，我们可以说，虚荣心是人们的共性心理，是人类共同的天性。与人交往，如果我们能从这一方面满足对方，定会让对方喜不自胜。我们先来看下面的故事：

赛琳娜在一家工程机械厂担任主任一职，与其部属的对话："小李，你看起来气色蛮好的嘛，听说最近挺清闲的？你看人家小张，多忙！在这个社会上，总是能者多劳的。不过听说你的英文很棒，反正闲着也是闲着，帮我翻译一下这篇稿子，这个礼拜就要！"

"这礼拜？我恐怕要跟你说声抱歉。下星期一我有一个会议，必须准备一些相关资料，所以可能没时间为你翻译，科长不也是大学毕业的吗？我看根本不用托我嘛，反正我正职的工作都做不好，更别说翻译这么重要的事情了。"

"啊，我知道了，算了，不求你也罢。"

这里，赛琳娜求人办事的方法实在不对，找部属替自己翻译，是要去说服而不是贬低他。拿对方同别人相比，言辞间流露出批评之意，甚至还批评对方工作没做好。如此一来，对方哪还会想替你做事，这实在是糟糕透顶的谈话。事实上许多人都是这样子，在求人办事的时候，不懂得抬高对方，反而伤害了他人的自尊，却还一副若无其事的样子。碍于上司与下属间的关系，对方即使受到伤害，也不至于当场和你翻脸。但是长期下来，部属心中对上司的不满久而久之也会忍不住要溢于言表了。

如果赛琳娜像下面这样说话，就不会碰壁了："小李，你最近有空吗？听说跟你同期的小张最近很忙。知识经济时代，真是能者多劳啊。下周又要开会，你现在一定也很忙吧！我听人说你的英文不错，不知能否抽空帮我翻译一下这篇文章呢？是非常重要的资料，急着要的，行吗？"

如此和气的请托，谁会忍心拒绝呢？为什么换一种说法小李的情绪就和前例迥然不同呢？这是因为他对自尊的需求得到了满足。无论是谁，对自身的东西都会有一种自豪、珍惜之情。尊重这份情感，也就能赢得对方的信赖，获得对方的帮助。

可见，无论出于什么目的的人际交往，我们都不要总是想着表现得比对方优越，因为他们会形成一种自卑感，也就容易对你产生嫉妒心理，而相反，如果我们学会示弱，把光彩让给他人，对方就有一种被重视的感觉。正如法国哲学家罗西法古所说："如果你要得到仇人，就表现得比你的朋友优越吧；如果你要得到朋友，就要让你的朋友表现得比你优越。"

总的来说，虚荣心是人性的弱点。因此，如果我们能在人际交往中，多抬高他人，放低自己，那么，对方心中必会产生一种莫大的优越感和满足感，自然也就会高高兴兴地听从你的建议，从而从心里接受你。

那么，该怎样抬高对方呢？

1. 放低身份，表现自己的良好修养

这一点，在与比自己身份低的人说话时尤为重要。偶尔说一说"我不明白""我不太清楚""我没有理解您的意思""请再说一遍"之类的语言，会使对方觉得你富有人情味，没有架子。相反，趾高气扬、高谈阔论、锋芒毕露、咄咄逼人，容易挫伤别人的自尊心，引起反感，以致对方筑起防范的城墙，从而导致自己的被动。

2.懂得倾听，并适时反馈

沟通的过程，并不完全是说的过程。我们有说的权利，但每个人都希望被倾听，这是一种自我价值的认定，而我们的反馈则是倾听的最好证明。因此，只有满足对方说的欲望，才会让人对你产生亲近的愿望。

3.赞美对方，巧化心防

人与人交往，谁都有一定的防备心理。我们若想在初次见面就成功化解他人的戒备心，并且成功赢得他人的欢迎，可以尝试一下打开人际交往局面的通行证——赞美他人。赞美越是贴切、自然，越是能说到对方心坎里，就越能消除几分与对方的陌生感。

王小姐是一家大型企业的总裁秘书，总裁的一切行程都由她安排，所以，谁要想见总裁，必须先过她那一关。在工作的几年里，她受到很多保险、地产业务员的骚扰，这不，又有三个业务员来了。

第一个业务员对王小姐说："王小姐，你的衣服挺好看的。"此时，王小姐心里特想听听她的衣服好看在哪儿，结果，那位业务员不再说了，王小姐心想，巴结我也不真诚，令人失望。

第二个业务员说："王小姐，你的衣服挺漂亮的。主要是衣服搭配得好。"王小姐立刻想听自己的衣服哪里搭配得漂亮，结果也没有了下文，话还是没有说到位。

第三个业务员说:"王小姐,你的衣服挺漂亮的,总体看起来真的很有个性。"事实上,王小姐已经没有了耐性,但还是想听听自己有什么样的个性。他接着说:"你看,一般白领穿衣服都很讲究衣服的职业性,但你不一样,你的衣服是定制的吧,在追求个性的同时又不失职业性,另外,一般人手表戴在左手腕,而你的手表戴在右手腕上……"王小姐一听,还真觉得自己有点与众不同,挺高兴的,就让他见了老总,结果签了一个十万元的单子。

第三个业务员之所以能打动王小姐,见到了总裁,是因为"他踩在了前面两个人的肩膀上",前面两个人已经对王小姐的服饰夸赞了一番,但没有让王小姐满足,而他在前两个人的基础上,说出了独到的见解,自然会有与众不同的效果。

但是,赞美对方也应该有度,毫无节制的溢美之词只有那些没头脑的人才会接受,把赞美之言说得恰到好处才能体现你的真诚,而且也容易让人信任。再者,赞美对方还不能泛泛而谈,而应该聚焦细节,越是细节性的赞美,越是能表现你对对方的关注。

在交往中,任何人都希望能得到别人的肯定性评价,都在不自觉地强烈维护着自己的形象和尊严,如果他的谈话对手过分地显示出高人一等的优越感,那么无形之中是对自尊和自信的一种挑战与轻视。可见,从心理学的角度,我们发现,如果我们能满足对方的虚荣心,让对方感觉优越,对方会更亲近于你。

第 07 章

敢于否认,常用质疑逻辑才能形成自己的知识

当今社会,任何人都必须要树立主动学习和终生学习的理念,而不是被动地接受知识,这就要求我们在日常生活和学习中有质疑思维。善于质疑、勤于发问,这样,你才能做到将知识融会贯通,形成自己的知识系统,并最终养成终生受益的学习习惯。

学贵多疑，凡事多问为什么

古人云："学贵多疑，小疑则小进，大疑则大进。"要创造，就必须对前人的想法和做法加以怀疑，这样才能发现前人的不足之处，才能提出自己新的想法和做法。当我们能够提出自己的疑问时，就说明我们对这件事情有了独立思考。

在生活实践中，我们大多有强烈的求知欲。但由于涉世未深，加之时间、文化水平、实践经验等各种条件的限制，所获知识往往真假参半，如果不加甄别地全盘相信，人云亦云，盲目付诸实践，就可能干出错事。鲁迅先生说过，老年人常常怀疑许多真的东西，青年人往往相信许多假的东西。这就需要我们遇事认真思考，多问几个为什么，杜绝盲从态度，坚持去伪存真，在努力求真中弘扬科学精神。

提出问题比解决问题更重要。我们首先要怀疑，才能够提出问题，在提出问题的基础上，才能够解决问题，才能够发现新的观念。

黎锦熙是我国著名的国学大师，他在湖南创办报刊，当时他有三个帮他誊写文稿的助手。

第一个抄写员性格沉闷，只是规规矩矩地誊写，每个字、标点都准确无误，后来这个人一生平平。

第二个抄写员也非常认真，在誊写前先阅读一遍，然后才

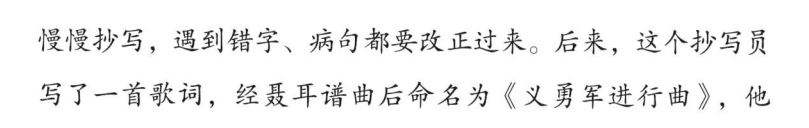

慢慢抄写，遇到错字、病句都要改正过来。后来，这个抄写员写了一首歌词，经聂耳谱曲后命名为《义勇军进行曲》，他就是田汉。

第三个抄写员则与众不同，他在誊写前也认真看文稿，并且认真阅读、积极思考，并将那些自己认为有问题的和错误的观点的文稿随手扔掉，这个人就是毛泽东。

"三个抄写员的故事"告诉我们：凡事过于被动、不去思考的人，总会处在混沌和危险之中。认真做事是重要的，而积极思考、敢于质疑和创新更为重要。

所谓质疑思维，就是对已有观点不盲目迷信而提出疑问的思维方式，它通过比较、挑剔、批判等手段，对想什么、怎么想和做什么、怎么做，作出合理的决断。不疑不决，不破不立，质疑是思维创新的前提。

可以说，质疑思维是许多新事物、新观念产生的开端，也是创造思维最基本的方法之一。

陶弘景是我国南北朝时一位伟大的科学家，一生有许多骄人的创造与独到的发明，其中关于蜾蠃秘密的揭示，解开了长期误传的谜团。

自然界，有一种细腰蜂名叫蜾蠃，传说它只是雄性，其后代是从菜地里偷来的一种名叫螟蛉的幼虫，经过自己精心抚养而成。从《诗经》开始，人们一直用"螟蛉"来形容假子、义子。陶弘景为了搞清真相，在查书无果的情况下，亲自去农田中看个究竟。他找到了一窝蜾蠃，用竹签细心挑开它的窝，看到里面不仅有衔来的螟蛉，还有几条小肉虫，同时发现蜾蠃也是雄雌成对地并进并出。第二天陶弘景又去观察，发现一条小肉虫将一条螟蛉已吃了一半。过两天后再去看，窝里的螟蛉已被吃完，肉虫都变成了蛹。不久，蛹化成蜾蠃飞跑了。陶弘景恍然大悟：原来蜾蠃有自己的后代，螟蛉不过是被衔来给幼虫当粮食罢了。他感慨地说："人贵自立。不管什么事情，不能人家怎么说就怎么信。最好自己亲自观察，认真弄清事情的真伪，绝不能人云亦云，要打破砂锅问到底。"

陶弘景这种不唯书、不泥古、只求真的可贵品格，是科学精神的精髓。

因此，我们在日常生活和学习中，遇到不懂的问题，也要多问自己、问他人为什么，秉持这种怀疑批判的精神，才能做到去伪存真，才能获得真知灼见。

不懂就要问，才能训练出自己的质疑思维能力

生活中，我们不难发现一个现象，两个年龄相仿的孩子，学习着相同的内容，学习成绩好的一定是那个主动学习、主动

发问的孩子，他的自主学习能力较强，不需要家长和老师的督促。事实上，学习效果与自主能力是成正比的。的确，任何人的才能都不是凭空获得的，懂得主动求学、主动询问的人，才能不断获得进步。

因此，在任何思维活动中，你一定要养成不懂就要问的习惯，这样，你就能训练出自己的质疑思维能力，最终获得进步。这一点，先师孔子和中国革命的先行者孙中山先生都为我们做出了榜样。

孔子学问渊博，可是仍虚心向别人求教。有一次，他到太庙去祭祖。他一进太庙，就觉得新奇，向别人问这问那。有人笑道："孔子学问出众，为什么还要问？"孔子听了说："每事必问，有什么不好？"他的弟子问他："孔圉死后，为什么叫他孔文子？"孔子道："聪明好学，不耻下问，才配叫'文'。"弟子们想：老师常向别人求教，也并不认为耻辱呀！

这就是孔子"不耻下问"的故事，一个学问如此渊博的人都谦逊于人，更何况我们呢？

孙中山小时侯在私塾读书。那时侯上课，先生念，学生跟着念，咿咿呀呀，像唱歌一样。学生读熟了，先生就让他们一个一个地背诵。至于书里的意思，先生从来不讲。

一天，孙中山来到学校，照例把书放到先生面前，流利地背出昨天所学的功课。先生听了,连连点头。接着,先生在孙中山的书上又圈了一段。他念一句,叫孙中山念一句。孙中山会读了,就回到座位上练习背诵。孙中山读了几遍,就背下来了。可是,书里说的是什么意思,他一点儿也不懂。孙中山想,这样糊里糊涂地背,有什么用呢?于是,他壮着胆子站起来,问:"先生,您刚才让我背的这段书是什么意思?请您给我讲讲吧!"

这一问,把正在摇头晃脑高声念书的同学们吓呆了,课堂里霎时变得鸦雀无声。

先生拿着戒尺,走到孙中山跟前,厉声问道:"你会背了吗?"

"会背了。"孙中山说着,就把那段一字不漏地背了出来。

先生收起戒尺,摆摆手让孙中山坐下,说:"我原想,书中的道理,你们长大了自然会知道的。现在你们既然想听,我就讲讲吧!"

先生讲得很详细,大家听得很认真。

后来,有个同学问孙中山:"你向先生提出问题,不怕挨打吗?"

孙中山笑了笑,说:"学问学问,不懂就要问。为了弄清楚道理,就是挨打也值得。"

生活中的人们,也应该像孔子和孙中山一样,做到"不懂就要问",如果你能养成凡事质疑的习惯,那么,你不仅能提高自己的学习效率，还能获得好的思维习惯，这将让你受益终生。

事实上，除了做到不懂就要问，在日常工作和生活中，我们更要始终保持谦虚谨慎的态度面对人生。因为只要以一颗谦虚的心面对人生，人就会专注于自己的工作，就会坚持努力工作，内心会处于一种不知足、进取的状态，你的内心一定会这样说：我还有很多不足之处，还要继续努力学习，还有很多工作做得不好，还要努力把它做得更好一些。按照这样的一种方式来对待自己的人生，才会让人生充满光彩。

前世界首富也就是美国华顿公司的总裁山姆·沃尔顿，他创立了沃尔玛企业，资产已经超过了250亿美金，他的家族现在还是世界上最富有的家族之一。山姆·沃尔顿以前就会不断地去考察竞争对手的店面，不断地想对方到底哪里做得比我好？回去之后就问自己，以及告诉自己的员工说：那我们要做得如何比竞争对手更好？到底有哪些服务不周的地方，我们需要改善？

再来看德国著名的科学家洪堡，他是近代气候学、自然地理学、植物地理学和地球物理学的创始人之一，他在生物学和地质学上也有很深的造诣，在科学界享有极高的声誉，被当时的人们尊为"现代科学之父"。

尽管如此，洪堡却是一个十分谦逊的人。他尊重别人，从不自满，直到晚年还刻苦学习。在柏林大学的一间教室里，每当著名的博克教授讲授希腊文学和考古学的时候，课堂里总是挤满了学生。在这些青年学生中间,人们常常会看到一位身材不高、穿着棕色长袍的老人。这位白发苍苍的老人也像别的学生一样,全神贯注地听课,认真地做着笔记。晚上,在里特教授讲授自然地理学的课堂里,也经常出现这位老者的身影。有一次,里特教授在讲一个重要地理问题时,引用了洪堡的话作为权威性的依据。这时,大家都把敬佩的目光投向这位老人。只见他站起身来,向大家微微鞠了一躬,又伏身课桌,继续写他的笔记。原来,这位老人就是洪堡。

洪堡曾说过:"伟大只不过是谦逊的别名。"他正是这样一位谦逊的伟人。越是有成就的人,越是深知谦虚学习的重要性,"梅须逊雪三分白,雪却输梅一段香"。一个人要想真有长进,不仅需要谦逊,而且还要有雅量,要放下架子,不耻相师。伟人尚且能做到如此,那么,平庸的我们呢?生活中的你们呢?是否也应该反省一下,找出自己的不足,然后通过学习加以弥补呢?

有自己的想法,并敢于挑战权威

我们知道,当今社会是一个创新型社会,有想法的人更容易受到重视,他们的发展潜能更大,我们甚至可以说,一个人的想法是与其个人发展有着极为密切的关系的。因为人的想法是大脑的活动，人的行为受其支配。新时代的每个人，都要有自己的想法，并且做到敢于向权威挑战。

小泽征尔是世界著名的音乐指挥家。一次他去欧洲参加指挥家大赛，在进行前三名决赛时，他被安排在最后一个参赛，评判委员会交给他一张乐谱。小泽征尔以世界一流指挥家的风度，全神贯注地挥动着他的指挥棒，指挥一支世界一流的乐队，演奏具有国际水平的乐章。

演奏中，小泽征尔突然发现乐曲中出现了不和谐的地方。开始，他以为是演奏家们演奏错了，就指挥乐队停下来重奏一次，但仍觉得不自然。这时，在场的作曲家和评判委员会权威人士都郑重声明乐谱没问题，那是小泽征尔的错觉。他被大家弄得十分难堪。在这庄严的音乐厅内，面对几百名国际音乐大师和权威，他不免对自己的判断产生了动摇，但是，他考虑再三，坚信自己的判断是正确的，于是，大吼一声："不！一定是乐谱错了！"他的喊声一落音，评判台上那些高傲的评委们立即站立向他报以热烈的掌声，祝贺他大赛夺魁。原来，这是评委们精心设计的圈套。前面的选手虽然也发现了问题，但却放弃了自己的意见。

倘若小泽征尔不能坚信自己的判断是正确的，和其他几位选手一样，即使发现了问题，也不敢提出来，或者放弃自己的意见，那么，在这场比赛中，他也只能和其他选手一样，被淘汰出局。

的确,一个人只有具备犀利的目光,才能察觉出他人所不能察觉出的问题,也才能发出自己的声音,才能不为传统束缚,做到有所创新。而那些人云亦云、不敢提出问题的人,不仅会失去成功的机会和别人的赏识,更遗憾的是,他们会失去那种让自己的思想自由迸发,最后被别人认可的快乐。

牛顿曾在《光学》中提出光是由微粒组成的,在之后的近百年时间,人们对光学的认识几乎停滞不前,直到托马斯·杨的诞生。

杨并没有向权威低头,而是撰写了一篇论文,但是论文无处发表,他只好印成小册子,据说发行后"只印出了一本"。

后来的事实证明,托马斯·杨是正确的。托马斯·杨因此成为开启光学真理的一把钥匙,为后来的研究者指明了方向。

无独有偶,曾经有一名六年级的小学生,他对蜜蜂进行了长时间的跟踪观察,发现,蜜蜂的发音器官并不是科学家们所说的那样用翅膀发音,而是在翅膀的根部有一个发音器官。于是,他带着怀疑的态度,将自己的想法写成了论文,并因此获得了第18届全国青少年创新大赛优秀科技项目创新银奖和高士其科普专项奖。

这就是一个善于观察并敢于怀疑的孩子。事实上,每个人都有自己的想法,对事物都有着自己的看法。真正有效的学习不是死读书,而是自主性的、探究性的、学以致用的。

古人说:"疑似之迹,不可不察。""于无疑处有疑,方是进矣。"生活中的每个人，对待一些问题，要善于质疑，要敢于挑战权威。这样，你才能真正获得知识。

开动大脑，换个思路解决难题

自古以来，成大事者都是能独立思考的人，他们善于运用思维的力量，独辟蹊径的思维方式常常让他们"突出重围"，成功者的成功秘诀也就在于此。的确，当今社会，竞争力的核心是思维，它是指导成功的原动力。拥有独立的思想，你就能获得成功。如果你希望改变自己的状况，获得进步，那么首先要从改变思维开始。事实上，思维并不是单一的，同一问题的解决方法也绝对不止一种，很多时候，如果你能开动大脑，主动寻找其他方法，你就能达到一个新的思维高度。

我们每个人都要明白，成大事者和平庸之辈的根本区别之一，就在于他们在遇到困难时采取什么样的态度，采取什么样的解决方式。成功者的思维是开阔的，失败者的思维是狭隘的。

对于同一难题，解决的方法有很多种，比如，在学习中，你也要开发自己的大脑，尽量运用不同的方法来解决，这样，你的思维能力便能在无形中得到提升。每个人都有独立的思考能力，当你把这种能力转变为创意时，你的生活现状也许就会发生质的改变。我们先来看下面一个故事：

逻辑思维

有一家大公司的董事长即将退休,他想物色一位才智过人的接班人。经过一段时间的观察,他最后挑出了两位人选——约翰和吉米。因为他们都很精通骑术,老董事长便邀请二位候选人到他的农场做客。当他们到来时,老董事长牵着两匹同样好的马走了出来,说:"我知道你们二人都很善于骑马,这有两匹很好的马,我要你们比赛一下,胜利者将成为我的接班人。"

他把白马交给了约翰,把黑马交给了吉米。这时,老董事长开始宣布比赛的规则:"我要你们从这儿骑马跑到农场的那一边,然后再跑回来。谁的马跑得慢,也就是后到目的地,谁就是胜利者。"

听了这话,约翰突然灵机一动,迅速跳上了吉米的黑马,然后快马加鞭地向前急驰而去,他自己的马却留在了原地。吉米对约翰的举动感到很奇怪:"咦!他怎么骑了我的马呢?"当他终于想通了是怎么一回事时,已经太晚了。他的黑马遥遥领先,无论怎样追白马也追不上了。

结果,吉米的马最先到达终点,他输了。

老董事长高兴地对约翰说:"你可以想出有效的方法,能出奇制胜,证明你有足够的才智来接替我的位置,我宣布,你就是下一任董事长了!"

其实,人与人的智商没有多大差别,关键在于谁更能运用自己的思维,在于谁能将问题转换到另一个角度。会思考的人才是最终的赢家。故事中的约翰就是个善于打破常规思维的人，他用逆向思维赢了吉米。

因此，我们都要经常动脑筋，在生活中要勤于思考，善于变通，对于一些别人解决不了的问题，可以换个思路去解决；对于别人想不到的事情，要努力想到并实现。会变通的人才会在通往成功的路上排除万难，最终获得成功。

事实上，生活中，很多人在解决问题的时候，都被这些传统思维限制了。问题不在于他们的技术高低、学识多寡，而在于他们突破不了常规的思维方式。

我们再来看下面这一则故事：

在所有的科目中，玲玲最喜欢数学。从小到大，她就像一个问号一样，总是问自己："难道就只有这一种解题方法吗？"通常情况下，她从不在练习册上解答，因为练习册上的空页根本不够她解答，她会在作业本上抄下题目，然后列出很多种方法。

转眼，玲玲要参加中考了。老师为她担心的是，玲玲太爱思考了，在每道题上花的时间太多，会影响她答题的。为此，在考试前，老师还专门叮嘱她不要恋战。

然而，老师的顾虑是多余的。为了培养学生的多向思维能力，试卷结尾的几道数学解答题全部都注明：请运用两种以上解答方法。

考试结果出来后，玲玲居然得了满分，老师感叹："这就是勤于思考的好处。"

看完玲玲的故事,你是否也有所感触?其实,不只是学习,在日常的工作和生活中,我们都要开动脑筋,主动做到:

1. 破除惯性思维

要提出与众不同的解决问题的方案,就必须要摒除惯性思维限制。因此,在解决问题时,你最好也要做到摒除书本和经验的限制,从一个全新的角度考虑,你会发现,新方法应运而生。

2. 转换思维,多向思考

当然,要做到这一点,需要你综合运用各种知识,从全局的角度考虑。

可见,生活中最大的成就是不断地自我改造,以使自己悟出生活之道。的确,在很多情况下,外物是无法改变的,你能改变的就是你的思想。遇到困难和变化时,让思维尽显其灵活和多变的本质,往往能得到更好地解决问题的方法。

激发好奇心与求知欲,驱使你探索未知世界

人们常说"兴趣是最好的老师",科学研究表明,人一旦对某种活动产生了兴趣和热情,就能提高这种活动的效率。古

第07章
敢于否认，常用质疑逻辑才能形成自己的知识

今中外许多科学家、发明家取得伟大的成就的原因之一，就在于其拥有浓厚的认识兴趣所产生的强烈的求知欲望。而其实，这种对知识的好奇心也是怀疑精神的一种体现。

科学家丁肇中用6年时间读完了别人10年的课程，最后终于发现了"J粒子"，他是第一位获得诺贝尔奖的华人。记者问他："你如此刻苦读书，不觉得很苦很累吗？"他回答："不，不，不，一点儿也不，没有任何人强迫我这样做，正相反，我觉得很快活。因为有兴趣，我急于要探索物质世界的奥秘。比如搞物理实验，因为有兴趣，我可以两天两夜，甚至三天三夜呆在实验室里，守在仪器旁。我急切地希望发现我要探索的东西。"

我们生活中的任何人，都不可放弃对学习的追求，你只有积极主动地学习，才会使你永远立于不败之地。当然，在学习中，你也应该开发自己的好奇心，只有好奇心才会驱使你不断探索。一个人，如果连学习都需要别人推着前行，摆脱不了对别人的依赖，那么你将永远是一个弱者。

1912年，在伦敦的一个手工制造金饰品的犹太家庭，一个小男孩出生了，他的名字叫赫伯特·查尔斯·布朗。为了躲避排犹，他的父亲带着全家人搬迁到了美国芝加哥，并在那里经营一家小五金店，日子过得不算富裕。

在布朗很小的时候，他的父亲就告诉他要长志气、努力上进……这是犹太民族的教育方式。后来，又倾其所有供他

上学。

小布朗十分用功,放学后还坚持学习,家里没有电灯,于是他就到路灯下学习。下雨的时候,就打着伞在路灯下学习。他的学习成绩进步得很快。布朗14岁的时候,父亲去世了,于是他不得不退学来经营五金店,但他还是一直在坚持自学。

母亲知道他想学习,于是就在他17岁的时候,让他去读了高中。虽然他已经3年没有上学了,可是他依然凭借自己的勤奋以优异的成绩考上了赖特初级学院。

在大学期间,他对化学产生了浓厚的学习兴趣,教授十分看好他,并一直指导他学习,还建议他去芝加哥大学学习。

对于一个穷孩子来说,这是一件十分困难的事。因为他需要一边打工一边读书,只有靠奖学金才可以上学。后来,他果真考取了奖学金进入了芝加哥大学化学系。

布朗进入芝加哥大学以后依然十分勤奋,仅用了9个月的时间就完成了大学4年的全部课程。大学毕业后,由于他的勤奋刻苦,他成了著名化学家斯蒂格利茨的助手。他一边工作,一边读研究生,仅用一年时间就获得了硕士学位,又在第二年获得了博士学位。后来,凭借自己的勤奋,他在有机硼方面做出了独特贡献。1979年,他获得了诺贝尔化学奖。

人必须经过不断地学习才能在某方面获得成就,布朗就是凭借自己的勤奋才取得了如此骄人的成绩。

人类拥有巨大的潜能,而这种潜能的激发,在很多时候都来自一种强烈的追求，这就是求知欲。也许你认为自己没有受到良好的教育、学历不高，但你可以有强烈的学习精神和求知欲，以及超强的拼搏精神。这样你就能做最好的自己！

在世界文学史上，无人不知、无人不晓莎士比亚，他是英国伟大的戏剧家和诗人，他所创作的《罗密欧与朱丽叶》的剧情让无数人动容。他毕生创作了 37 部戏剧。

莎士比亚从 7 岁时就开始读书，但他并不喜欢那些古板的祈祷文，而偏爱那些用拉丁文写的历史故事。

每年的五月份是莎士比亚最喜欢的时间，因为每到这时候，就有戏班子演出，莎士比亚是他们的忠实粉丝，他总是如痴如醉地观看每一场演出，直到戏班子离开。

14 岁那年，莎士比亚就结束了他的学校生活，他不得不出来谋生。他做过很多工作，在父亲的店铺里打过工，在码头做过货物搬运工，也做过售货员，但他发现，自己对这些工作一点兴趣也没有。这是因为在他的心中，对戏剧的热情一直没有磨灭。

后来，莎士比亚在戏院找到了一份打杂的工作，他主要的任务是看管那些有钱人的马车和衣帽，在后台给戏剧演员们服务。但就是这样，他已经很开心了，因为他可以直接接触到戏剧了。一有时间，他就看演员们排练。这里，成了他的戏剧学校。

1592 年的新年，对于莎士比亚来说是个难忘的日子，他的剧本《亨利六世》在伦敦最大的三家剧场之一——玫瑰剧场上演，莎士比亚一炮打响了。很快《理查三世》《威尼斯商人》《温莎的风流娘们儿》《哈姆雷特》《奥赛罗》、《李尔王》相继上演。悲剧《哈姆雷特》的轰动效应，更使莎士比亚登上了艺术的顶峰。

莎士比亚为什么能在戏剧上取得如此卓越的成就？可以说，是求知欲推动他不断学习、不断拼搏和努力的。最终，他成就了自己的梦想，达到了人生的辉煌。

的确，求知欲是让我们产生学习兴趣的原动力，有了兴趣，才有无穷的动力使你在某个领域当中越钻越深。有了兴趣，才有勤奋，有了勤奋，才能成就辉煌和成功。

任何人，都要挖掘自己的求知欲，当然，求知欲的获得来自于深刻的自我剖析。一个人，只有看清楚自己的缺点和不足，才能把自我剖析的手术刀滑向心灵的深处，才能对心灵进行一番追问：我的缺点到底在哪里？明天我将如何努力？哈佛有一句格言说得很好：一个目光敏锐，见识深刻的人，倘若又能承认自己有局限性，那他离完人就不远了。

总之，我们只有对学习感兴趣，才能把心理活动指向和集中在学习的对象上，使感知活跃，注意力集中，观察敏锐，记忆持久而准确，思维敏锐而丰富，激发和强化学习的内在动力，从而调动学习的积极性。

路径依赖：避免习以为常、不加思索的毛病

在心理学上，有个著名的名词叫路径依赖。路径依赖，又译为路径依赖性，它所阐述的是一种惯性，即一旦进入某种路径后，就会对这种路径产生依赖。

第一个使"路径依赖"理论声名远播的是道格拉斯·诺思，由于用"路径依赖"理论成功地阐释了经济制度的演进，道格拉斯·诺思于 1993 年获得诺贝尔经济学奖。

"路径依赖"理论被总结出来之后，人们把它广泛应用在选择和习惯的各个方面。这就告诉生活中的我们，要想拥有一个成功的人生，就要从现在起养成并强化良好的行为习惯。

我们先来看下面一个故事：

有五只猴子，它们被放到一个笼子里，在笼子的上空，有一串香蕉。众所周知，猴子是最爱吃香蕉的，看到香蕉，它们就伸手去拿，但此时主人会用水去教训"越界"的猴子，直到后来，再也没有一只猴子敢拿香蕉了。

再后来，这个人再在这个笼子里放了一只新的猴子，并拿出一只老的猴子。新来的猴子不知这里的"规矩"，也伸手去拿香蕉，结果触怒了原来笼子里的四只猴子，于是它们代替人执行惩罚任务，把新来的猴子暴打一顿，直到它服从这里的"规矩"为止。

此人不断地将最初经历过水惩戒的猴子换出来，最后笼子里的猴子全是新的，但没有一只猴子再敢去碰香蕉。

起初，猴子怕被新来的、不懂规矩的猴子牵连，不允许其他猴子去碰香蕉，这是合理的。但后来人和水惩戒都不再介入，而新来的猴子却固守着"不许拿香蕉"的制度不变，这就是路径依赖的自我强化效应。

其实，我们人类何尝不是如此呢？当我们接受某个观念或某种行为模式后，便也开始给自己限定条条框框，然后盲从于这种既定模式。然而，新时代的青少年朋友们，如果你想有所突破和创新，想要获取新知，就必须有质疑的精神。

该如何避免习以为常、不加思索的毛病？该如何养成遇事多思考、认识自己也认识别人的习惯？这就需要"质疑"，创造思维的关键即在于此。

生活中的人们，从现在起，请做个练习：列出一张自己日常习惯的清单，对其中的每种习惯提出质疑。不人云亦云，不盲从，这样你才能做自己，才能真正长大成熟！

第08章

认知上先人一步，运用超前逻辑更易获得成功

不可否认的是，我们任何人都想获得成功，这就是当今市场竞争如此激烈的原因。而要想领先于他人的关键就在于速度，谁能在最短的时间内发挥出自己的优势，谁就能独占鳌头。这就是我们应该掌握的超前逻辑。我们只有具备远见卓识、迅速捕捉机遇，才能占据先机，一举获得成功。

从长远考虑,不要被眼前小事影响

在生活中,我们常听老人说:"做事之前就要想到后面四步。"这就是一种远见。的确,我们做事情,不仅需要稳当、周全,而且,不要急于求成,更不要被眼前的小事所累。在时机未成熟之前,我们一定要把持住自己。一个成大事的人,眼光总是比身边的人看得稍远一点。著名的美孚公司曾做了一次赔本买卖,可是,从最后的结果来看,它虽然放弃了眼前的利益,却收获了长远的发展,小利变大利、利滚利、利翻利,先前看似赔本的"买卖",最终却收获了高额的利润。这是一种商业中的计谋,也是想成功者需要的智慧。有时候,之所以需要我们学会从长远考虑,不要被眼前小事影响,其实是为了以后更长远的发展。

在现实工作中,小到一个职员,大到一个公司,都需要有长远的打算,如果你只着眼于眼前的小恩小惠,那迟早有一天会被利益吞噬,职场生涯也将宣告结束。对待工作,我们也要将自己的眼光放得长远一些,不为眼前的小事所累,这样我们的职场之路才会走得更远。

某食品公司因为人员调动关系,原销售部门的经理离职了,这一职位也就暂时空缺了下来。虽然整个部门有能力的人很多,但被总经理提名的只有两个候选人。在周一的例行公会上，总经理公布了他们的名字，并且要求他们各自在一个星期内拿出自己的市场推广方案，谁的方案更优秀就由谁来担任部门经理。小李、小张同时被列为了候选人，两人平时是好朋友，所以，这样一场竞争非常有意思，公司各部门员工都对此议论纷纷。有人说小李绝对能胜任，因为他善于笼络人心；有人说小张绝对能任职，因为业绩比较突出。同时，有一个消息在办公室里炸开了锅，原来小李是经理夫人的亲弟弟，这可不得了，那失败者似乎注定了就是小张。

小张分析了其中的利害关系，心想：小李有了这一层关系，看来自己终究是失败，不过，有什么要紧呢？如果自己真的失败了，表现得大度，努力配合小李的工作，给人留下好的印象，日后定会有升职的机会。他就这样一边想着，一边准备市场推广方案。很快，一个星期就过去了，两人同时把方案交到了办公室。总经理在大会上宣布了结果，懂得笼络人心的小李胜出了。小张知道自己已经失败了，心变得坦然，鼓掌表示庆祝，似乎一点也不在意。

小李上任了，开始了管理工作。小张还是积极地跑市场，协助小李的工作。下班后，他与小李还是好朋友。公司里人的都说："小张这人真好，升职机会被好朋友抢了也不说什么。""就是啊，而且，工作比以前更积极，这样踏实能干、谦虚的小伙子上哪去找啊。"三个月后，小张在朋友小李的推荐下，因业绩突出被提升为部门经理。

本来，小张大可以因不服气竞争结果而找上司闹，或者在小李胜出后故意与之作对。但是，聪明的小张却很清楚眼前的人和事，自己要想有所作为，就必须将不服埋在心里，努力配合小李的工作，在公司博得一个好名声，这样，自己能力有了，也没得罪什么人，那升职的机会肯定还会有。在这样斟酌之后，小张才将想法投入实际行动，最后，自己的目的也达到了。

然而，现实生活中，有些人却鼠目寸光，吃不得眼前亏，心胸狭隘，容不得一点损失，最终，他们难以成就大事。

可见，对于我们来说，在做每一件事情时需要有长远的眼光，不计较眼前的小事，而是关注于长远的发展，从而达到舍小利而保大局的目的。

思维快一步，行动快一步

当今社会，市场竞争异常激烈，市场瞬息万变，市场信息流的传播速度大大加快。可以说，谁能抢先一步获得信息、抢先一步做出调整以应对市场变化，谁就能捷足先登，独占商机。如果你是一个渴望在竞争中获胜的人，你就应该明白一点：这是一个"快者为王"的时代，速度已成为一个人生存乃至发展的基本法则。而要做到这点，你就要做到立即行动，毫不犹

第08章
认知上先人一步，运用超前逻辑更易获得成功

豫。与此同时，你还要着力培养自己的判断力和执行力，以提高成功的可能性。

美国钢铁大王安德鲁·卡内基在未发迹前，曾担任过铁路公司的电报员。

有一天，正值放假，但卡内基需要值班。就在这个平凡的值班日，却发生了一件意想不到的事。

躺在椅子上休息的卡内基突然听到电报机滴滴答答传来了一通紧急电报，吓得赶紧从椅子上跳起来。电报的内容是：附近铁路上，有一列货车车头出轨，要求上司照会各班列车改换轨道，以免发生追撞的意外惨剧。

这可怎么办？现在是节假日，能下达命令的上司不在，但如果不现在决策的话，就会产生一些不可预料的恶果。时间也慢慢过去了，事故可能就在下一秒发生。

卡内基不得已，只好敲下发报键，冒充上司的名义下达命令给班车的司机，调度他们立即改换轨道，避开了一场可能造成多人伤亡的意外事件。

当做完这一切后，卡内基心里也开始紧张起来，因为按当时铁路公司的规定，电报员擅自冒用上级名义发报，将被立即革职。但又一想，这一决定是对的。于是在隔日上班时，将辞呈写好放在上司的桌上。

但令卡内基奇怪的是，第二天，当他站在上司办公室的时候，上司当着卡内基的面，将辞呈撕毁，拍拍卡内基的肩头：

"你做得很好,我要你留下来继续工作。记住,这世上有两种人永远在原地踏步:一种是不肯听命行事的人;另一种则是只听命行事的人。幸好你不是这两种人中的任何一种。"

卡内基之所以成功,是因为他有成功者的品质,这一点,在他未发迹时就已经显现出来了。

的确,现代社会,无论是职场还是商场,其竞争的激烈恰如战场。假如你也渴望成功,那么,你就应该牢牢地记住,对于执行力的天敌——拖延,我们一定要懂得克制,因为执行力就是竞争力,成败的关键在于执行。

石油大王洛克菲勒先生曾有过一段抢占石油市场的经历:

在洛克菲勒进军石油界的第三年,炼油商们在宾州布拉德福又发现了一个新油田,于是,负责标准石油公司输油管业务的丹尼尔·奥戴先生便迅速带领他的团队扑向那个财富之地。

开采石油的那些人已经疯狂了,他们不分昼夜地开采,希望可以带着大把大把的钞票离开。也就是说,奥戴先生的管道和工人根本不够用。

此时,洛克菲勒站出来,对奥戴先生提出了建议,希望他能警告那些采油商,因为他们的开采量和开采速度已经远远超过了他们的运输能力,只有减慢开采速度,才不会导致这些黑金变成一文不值的粪土。然而,无论洛克菲勒怎么苦口婆心地劝说,傲慢和争强好胜的奥戴就是不为所动。

就在此时，洛克菲勒的竞争对手波茨动手了。他先在几个重要的炼油基地收购洛克菲勒的炼油厂，接着，他又开始在布拉德福德抢占地盘，铺设输油管道，要将布拉德福德的原油运到自己的炼油厂。

洛克菲勒意识到自己再不出手就晚了，于是，这一天，他来到宾州铁路公司大老板斯科特先生的家里，并直言不讳地把事情的利害告诉了他。但这位斯科特先生也是个固执的家伙，他对波茨的行为置之不理。无奈，洛克菲勒决定亲自向这个敌人宣战。

洛克菲勒先是解除了与宾州铁路的所有业务往来，而将自己的运输业务转给了另外两家支持他的铁路公司；随后他指示所有处于与帝国公司竞争的己方炼油厂，以远远低于对方的价格出售成品油。

在这样的措施下，斯科特不得不臣服，尽管他很不情愿。

洛克菲勒的措施自然会引发对方的反击。为了打击洛克菲勒，他们把业务转手给洛克菲勒的竞争对手，并且，他们还倒贴给对方很多钱，无奈，他们只好裁员、削减公司，这引发的是工人们的极大不满。最终，这些愤怒的工人们一把火烧了几百辆油罐车和一百多辆机车，逼得他们只得向华尔街银行家们紧急贷款。

就这样，这一年，他们不但没有挣钱，反而损失惨重。

洛克菲勒的竞争对手波茨先生是个很有魄力的军人，他不愿意妥协，但是，他也是个识时务的人，最终，他决定不再与洛克菲勒决斗，选择了讲和，停止了炼油业务。几年后，他还成为了洛克菲勒属下一个公司积极勤奋的董事。

洛克菲勒曾直言不讳地说："成功驯服这些傲慢的犟驴，我的心都在跳舞。"而他之所以能做到这点，就是因为他先人一步的魄力，决不让主动权落在对手手里。

在现代社会，人们都想抓住机遇，因为先机稍纵即逝，速度就成为了获胜的关键因素之一。所以，我们要成为果断的人。要做到这点，就必须解放思想，具备超前的逻辑和敏锐的眼光；看准了的事，应该雷厉风行、马上就干，不能患得患失、等待观望，更不能纸上谈兵、只说不干。

有舍才有得，鱼与熊掌不可兼得

我们都知道，要达到某一目的必须付出相应的代价。的确，天下没有免费的午餐，我们若希望获得某种重要的东西，要么就通过自己的努力得到，要么就用现在所拥有的去交换。关于后者，就需要我们做到舍得。因为鱼与熊掌不可兼得，而智慧的人多半会权衡利弊得失，最终做出正确的选择。

罗斯柴尔德是一个很精明的犹太商人。长时间的生意经验让他十分清楚地意识到，要在那个犹太人备受歧视的社会里脱颖而出，最有效的办法就是接近手握巨大权势的领主并博得其欢心。

好不容易，他被通知可以接受当地领主的接见。这是个难得的机会，他觉得自己一定要把握住。为此，他不但把花了很多心血和高价收集的古钱币以低得离奇的价格卖给公爵，同时还极力帮助公爵收购古币，经常为他介绍一些能够使其获得数倍利润的顾客，不遗余力地帮公爵赚钱。

如此一来，公爵不但从买卖中尝到了很多甜头，对古钱币的兴趣也越来越浓。罗斯柴尔德和他的关系逐渐演变为带伙伴意味的长期关系，远非只是普通的几笔买卖关系。

罗斯柴尔德是个舍得下血本的人。他为了实现长期战略，宁可舍弃眼前的小利。这种把金钱、心血和精力彻底投注于某个特定人物的做法，成为了罗斯柴尔德家庭的一种基本战略。如若遇到了诸如贵族、领主、大金融家等具有巨大潜在利益的人物，就甘愿做出巨大的牺牲与之打交道，献上热忱的服务；等到双方建立起无法动摇的深厚关系之后，再从这类强权者身上获得更大的收益。如果说一两次的"舍本大减价"一般人也可能做得到的话，罗斯柴尔德这种一直"舍本"帮助别人赚钱的做法不得不说是难能可贵的。虽然他得以在宫廷进进出出，但自己在经济上仍然相当拮据。

在罗斯柴尔德25岁那年，他获得了"宫廷御用商人"的头衔。罗斯柴尔德的策略奏效了。

我们发现，罗斯柴尔德果然很聪明，他懂得放长线钓大鱼、舍小利获大利，这也是成功的犹太商人的生意经。

的确，俗话说："先做朋友后做生意"，为了做成大生意，我们有必要在做生意前先为对方付出，甚至应当适当舍弃一些利益。比如，你在你的客户生日那天，不但应送上祝福，还应通过赠送一些小礼物来表达你真诚的谢意和良好的祝愿，就能进一步增进与客户间的感情，建立更加亲密的关系。

事实上，除了经营财脉，这种"舍小利以谋远"的远见卓识也适用于方方面面，不失为一条良好的人生准则。在人际交往中，我们发现，那些在小利小益上斤斤计较，丝毫不愿让步的人，虽然暂时获得了某种好处，但他也在别人心中留下了自私自利的印象。而那些凡是不争不抢、偶有小利也让给别人的人，总是能获得别人的好评，人际交往中也自然事事顺心。

《易经·损》中有这样一段话："损：有孚，元吉，无咎，可贞，利有攸往。"这句话的大致意思是，"损、益"，不可截然划分，二者相辅相成，充满辩证思想。说到底，这就是取舍之道，有舍才会有得。中国古话说得好："吃小亏，赚大便宜。"

经济大萧条时期，在美国有一家工厂，由于客户产品滞销，濒临倒闭。为了挽救这种局面，这家工厂的老板想到一个很奇妙的办法。他让伙计去种植园买了一批尚未成熟的苹果，他们就自己制作一些小标签贴在苹果上面。当这些苹果成熟之前,他们才揭下那些标签,这个时候,原来苹果上贴过标签的部分就会变成一片空白。

接下来,他找出那些已经退单的客户,在标签上写上那些客户的名字和温馨的话语,然后逐一把这些写有名字的苹果送给那些客户。当他们收到这些写上自己名字和温馨话语的苹果之后,都会很惊讶而且感动。因为他们感受到这位工厂老板在用心跟自己做生意,他们又有什么理由拒绝呢?所以,这些客户在收到苹果后,都接二连三地给这位工厂老板打电话,主动提出订货。

在这一段持续了好多年的经济萧条时期,许多的工厂都因为没有强大的经济实力而倒闭,但这一家工厂不仅没有倒闭,反而生意越来越好。

这则销售故事中,工厂老板之所以能改变现状,把滞销的产品推销给那些已经退单的客户,主要是因为他为这些客户送上了自己亲手制作的苹果,让客户深受感动。一个小小的苹果就换来了客户的真心,这就是舍小得大,何乐而不为呢?

同样,在这个商业社会的信息时代,我们时时刻刻都要面临着各种各样的抉择,在得与失之间,我们常常感到迷惘。而更多的时候,我们舍不得放弃手头实实在在的利益,心里想的也是怎样保证眼前的利益不受损失。殊不知,这样做只会任机会溜走,不但不会有所得,严重的话甚至会失去更多。舍小利以谋远，关键在一个"舍"字，只有舍得，才能获得。

积极进取，一步步实现优秀和卓越

有人说，在这个世界上，有两种人很可能一生一事无成：一种是自甘堕落、无所追求的人；一种是那些轻易就满足，从此不思进取的人。古人云："路漫漫其修远兮，吾将上下而求索。"这是对知识、对自我的一种永不满足，也只有这样的人，才能最终成就伟大。

在艺术界，毕加索的大名无人不知。这位西班牙著名的画家，活了91岁。

而在90岁高龄时，当他拿起画笔开始创作一幅新画的时候，对眼前的事物仍然好像是第一次看到的一样。年轻人总喜欢探索新鲜事物，探索解决新问题的方法，他们朝气蓬勃，热衷于试验，从不安于现状；老年人总是怕变化，他们知道自己什么最拿手，宁愿把过去的成功之道如法炮制，也不愿冒失败的风险。可毕加索很不一样，他90岁时，仍然像年轻人一样生活着，不安于现状，寻求新思路和新的表现手法。所以，他成为了20世纪最负盛名的画家之一。

毕加索生前体验了从穷困潦倒到荣华富贵的转变,其艺术作品也经历了从无人问津到被人高度赞赏两种境遇。这正是他永远把现在的成就看做成功的一小步,满怀希望地憧憬着下一次的成功,永不满足、不懈追求的结果。

对于那些永不满足、希望人生能不断实现突破的人来说,人生最精彩的部分永远是在下一次、在未来。永远对未来充满憧憬,才能以更好的心态去面对、去希望,然后用这种满怀希望的心态做事,才能取得更大的成就。

优秀的人永远把现在的成就看做一个新的起点,现在的成功只是万里长征中的第一步;而普通人取得一点成就,就洋洋得意,满足于现状。所以,优秀者一步一步从优秀走向卓越,而普通人故步自封,往往坐吃山空。

生物学家达尔文从小就是一个乐于接受挑战的孩子。小时候的达尔文特别好奇,他对学校里那些陈旧的课程一点也不感兴趣,而是喜欢读课外书,尤其是和生物有关的课外书。

后来,父亲送他到爱丁堡大学学医。在这座"医学博士的摇篮"里,达尔文依然对学业提不起兴趣,相反他喜欢上了图书馆,在那里如饥似渴地读着一本本生物学书籍。闲暇时间,达尔文还到爱丁堡海滨和渔民一起下海捕鱼,将打捞上来的鱼虾、牡蛎等做成标本。父亲眼看让达尔文做医生的愿望无法实现了,就又将达尔文送到了神学院,希望他将来能成为一名牧师。可是从小喜爱冒险的达尔文也不甘于做一名牧师,他不断给自己创造机会,他跟着一支地质考察队进行了一次野外考察。为了检验自己的胆量和独立工作的能力,达尔文还一个人穿越了荒无人烟的斯诺登山区。在多次冒险后,他获得了一次环球航行考察的好机会。

航行开始后,达尔文就迫不及待地投入到考察工作中去。他在船尾安上了一张大网,用来考察水生生物。他把捕捉到的生物逐个鉴定,然后分别登记,有的还做了解剖,画上了解剖图。轮船每到一地,达尔文就登陆考察,当地的地质结构、风土人情、生物种类等情况都被达尔文记录在他那厚厚的笔记本上。1832年,达尔文终于登上了令他神往已久的南美洲土地。他在这块热带土地上整整考察了3年,得到了许多书本上没有的知识和很多第一手资料。

达尔文的环球航行,走过了许多别人没有走过的地方,吃了许多别人没有吃过的苦。他有晕船的毛病,一上船就一个劲呕吐,有时严重到只能让别人把他搀扶回舱内休息。船上的条件也十分艰苦,平时只能吃到面包、南瓜和豌豆。就是在这样艰苦的条件下,5年后,达尔文回到了故乡,带回了几百万字的考察笔记和数不清的生物标本。达尔文的付出没有白费,他最终写出了《物种起源》一书。

达尔文始终在不断地挑战自己、超越自己,所以才能够写出举世闻名的《物种起源》一书,在生物领域做出了杰出的贡献。其实,不管从事什么职业,也不管在哪个领域内工作,我们都应该像达尔文一样不断挑战自己、超越自己，这样才能有所成就。

人生的高度是永无止境的，人生就是一个阶梯又一个阶梯的不断上升，而挑战，则是人生进步的阶梯。假如没有挑战，人生就会止步不前，始终处于原地。假如没有挑战，人生就没有进步，时刻处于退步之中。

对此，安东尼·罗宾说："我们当中很少有人有过这样的经验，但是有不少人看见过他人赤足走过火路的场面，特别是在寺庙的拜火祭典中。当我们看见别人平安走过火堆之后，总以为是神明在庇护那些人，或是有人预先在火堆中做了手脚，殊不知只要在妥善安排的情况下，人人都能平安走过。"

1. 所有的限制来自于内心

人们往往用无知来接触那些自己视为可怕的遭遇，而陷入畏缩不前的状态中。原先认为做不到的事情，竟然可以实现，原来，很多限制都是从自己的内心开始的。

2. 不满足是成功的前提

所有的成功都是从不满足开始的，当一个人满足于现状的时候，那表示其对未来生活、人生追求已经停止了脚步。只有不满足才会想着去超越、改变，一个不安于现状、具有强烈进取精神的人，是不会被社会淘汰、被人所遗忘的。假如小有成就就满足，那他们永远没办法攀登事业的高峰，永远也无法取得骄人的成绩。只有时刻保持不满足的心态，才可能受益更多。

保持敏锐的嗅觉，才能第一时间捕捉机遇

在信息社会，新学科、新知识层出不穷，创业经商愈发困难，人们需要更多的努力。在脑力制胜的年代，我们要做到成功，就要关注信息，孤陋寡闻、学识浅薄，是不可能获得成功的。

对于被公认为最会做生意的民族——犹太人，他们认为，要经商成功，就必须要掌握最新的信息，而且，他们很早就开始运用自己掌握的信息赚钱了。在他们的智慧丛书《塔木德》中，有这样一句富有哲理的话："即使是风，只要用鼻子嗅嗅它的味道，你就可以知道它的来历。"所以，犹太富豪们一直都很重视信息的作用。

犹太人沃伦·巴菲特是我们众人皆知的股神。对于投资，他每天都会阅读至少五份财经类报纸；在购买每一支股票之前，他都会深入了解这家公司，至少是知晓这家公司连续三年以上的财务状况，以及了解这家公司在行业内的情报。他自己比其他人都更了解这家公司，而巴菲特这样做的目的也是为了收集更多的信息，以此确保投资的准确性。

不得不承认，信息时代的到来、互联网的发达，人们获取信息的渠道和方式越来越多，我们实现目标的机会也在无形中增大了很多。因此，别再抱怨自己捕捉不到商机了。如果你能综合各方面的信息，找到这个点，商机就会在你身边积聚

起来。

朱莉姬，28岁，克莱格，29岁，他们是美国 willowbee&Kent 旅行公司的创始人。公司系为旅游者提供全套服务的"旅游超市"，创立于 1997 年 12 月，1998 年销售额是 100 万美元，1999 年已达 350 万美元。

克莱格、朱莉姬是一对夫妇，在介绍他俩开办的这个"旅游超市"时，克莱格说："当时，没有一家公司能提供这么广泛的服务，绝对是物超所值。"目前，该旅游公司能在一个房间里为游客提供全方位服务，包括订票、购买旅游指南和探险服，以及与旅游相关的其他事宜。

大学毕业后，克莱格夫妇花了 3 年时间研究旅游市场。他们频繁地参加旅游主题的会展以获取经验。"我们的目标是办一个独一无二的、有强烈视觉冲击力的旅游公司。"夫妻俩把自己的创意告诉了 Retall 设计公司，请他们为自己的公司做形象策划。这家著名的设计公司极少为小店做设计，但他们被克莱格夫妇的创意打动了，觉得这种公司定位新鲜而独特，一定能吸引许许多多的旅游爱好者，从而挣到钱，于是为他们设计了一间极富个性的店。

在克莱格夫妇这家旅游超市里，顾客一进门就感受到了旅游的浪漫。他们可以浏览数以百计的旅游手册，并可在交互式的电视前完成到世界各地的虚拟旅行。门口是一个两层楼高的多媒体中心，环形屏幕上的秀色美景令人怦然心动。顾客可以一边看着酒店和游艇的录像,一边向旅游顾问咨询,勾画自己的梦之旅。这样温馨的情调,很快在旅游者当中广为传播,这种旅行社立即在美国风靡起来,并向欧洲蔓延。

　　克莱格夫妇之所以能如此有独创性,找到这一商机,就是因为他们发现了市场潜力,看到旅游这一行业的未来前景,而这一切,与他们积极亲近生活是不无关系的。

　　那些成功者,往往都是抓住了市场最新的变化,他们有敏锐的洞察力,能快速地察看出周遭的事物变化并作出快速的反应。任何一个人,要想获得创业成功,就必须不断接受新事物和新信息,闭门造车只会让你的头脑越来越钝化。

　　对于那些渴望成功的人们,他们最大的苦恼就是找不到创业的方向,不知道从何处下手,而其实,生活中处处都有商机。那些白手起家的成功者,看似是因为他们运气好,而实际上是因为他们眼光敏锐,找到并抓住了稍纵即逝的时机,从而顺利地找到了他们成功的康庄大道。然而,这种独特的眼光并不是人人都有的。我们在羡慕他们伸手快的同时,更应该努力培养自己,让自己也有一种执着的商业意识。那些迟钝的人,即使机遇已经降临,他们也会视而不见。

　　当然,要成功,我们还要注重生活积累。当你的头脑里充满了新的东西时,大脑的工作速度自然会加快,对信息进行分析、思考、判断、推理之后,你就会找到最适合自己的行事方法,而创造力就是如此产生的。

第08章
认知上先人一步，运用超前逻辑更易获得成功

在日新月异的今天，我们周围的人和事每天都在发生着变化，信息更新之快是我们无法想象的，一些人总是能保持敏锐的触觉，看到自己的位置，然后投身到财富的创造中去；而也有一些人，他们总是迟钝木讷，等到别人已经收钱庆祝时，他才意识到自己错过了机遇，只能空留嗟叹。当然，对于刚刚起步的穷人来说，我们不必将眼光放得太高远，我们不必关注世界，可以关注国内、关注身边的事，甚至可以关注你所在的一条街。在一个有限的范围内你又是第一人，因为世界无限大，而你生活的世界却不太大，或者说，你只需要在一定的范围内成功就可以了。

要知道，我们不是全才，不可能插手每个行业，但我们可以多关注四周的环境，机会来临时，究竟是不是成功，在心里盘算一下，大概可以略知一二了。总之，要想获取成功，就要将信息的因素考虑进去。现代社会，创新的重要性已经被人们所了解。每一个创业者，要想获得成功，都要注重观察能力的培养，随时掌握并运用新的知识，我们才有可能成为时代的宠儿。

学会预测市场潜在需求，懂得捕捉发展的商机

现实生活中，常听人感慨说"市场不好""买卖难做"，实

际上，只有不成功的经营者，而不存在不好做的市场。特别在科技发达的今天，要想比别人快半拍，方法众多。有些人采取的是技术领先，有些人胜在信息渠道众多。但无论如何，只要你在某一方面是他人无法企及的，你就掌握了取胜的武器。日本的索尼公司就是不断推出新产品，经常享受"垄断"所带来的厚利而成长起来的。

索尼公司从20世纪50年代中期开始成长。他们不断推出一些市场上不曾有过的产品，如电晶体收音机、电晶体个人专用电视机等。由于索尼公司对市场引导的先锋性，以致于每推出一款新产品，其他大公司都会静观其行，如果成功了，他们马上推出相似产品上市。如此，索尼公司必须具有先锋性的创意，才能保证有足够的发展动力。

某一天，索尼公司总裁盛田昭夫看到一个职员一手提着手提式录音机，一手拿着耳机，看起来不太开心。盛田昭夫问他有什么心事，他说："喜欢听音乐，可提着听太不协调了。"一个创意很快来到盛田昭夫的脑子里——制造一个随身能够听的录音机。在一次产品策划会议上，这个创意普遍不受欢迎，但盛田昭夫坚持尝试。不久，第一台带着小型耳机的实验品送来了，灵巧的尺度与高品质的音效使他很开心。1979年索尼推出了第一台随身听。

很快地，这种小型录音机供不应求，他们借助广告来刺激销售，而且试制了不同机型，如防水、防尘机型，甚至有更多改良的机器型号。当然其效果是明显的，如著名指挥家卡拉扬、音乐名家史坦恩都找盛田昭夫订购。也许正因为如此，索尼公司才跻身于全世界最大耳机制造商之林，在日本也占有将近50%的市场。

这样一个全新的市场，还担心别人的竞争吗？在他人已经涉足甚至做得如火如荼的行业里努力，远不如独自开辟一个市场更容易成功。比尔·盖茨曾经说过："微软处处领先，我能成为世界首富，靠的就是不断的更新。我们要做第一个吃螃蟹的人，就要保证我们自己而不是别的什么人将我们的产品更新换代。对于一个企业来说是如此，对个人来说也是如此。"

犹太人经商的秘诀一直为外界揣度，其中为我们公认的一点就是以速度取胜。犹太人认为一个人经商是否成功，至少有80%是与出击速度相关的，这样可以先人一步、先拔头筹。

犹太巨富罗斯柴尔德的三儿子尼桑，年轻时在意大利从事棉、毛、烟草、砂糖等商品的买卖，很快便成了大亨。这位商业传奇式人物的聚富故事一直为人称道，但最使人称奇的是，仅仅在几小时之内，他就在股票交易中赚了几百万英镑。

然而，现实生活中，为什么有些人无论怎么努力，却总是被人踩在脚下？因为他们总是掉在队伍后面，也不奋起直追，这就注定了无法成大事。

机遇并不总是垂青我们，机遇一旦错过，就不再来。然而，机遇对于每个人来说都是均等的，谁有敏锐的眼光，谁能超人一步,谁就能把握机遇、猎取到财富。

卡赫利法是沙特阿拉伯巴林著名商业家卡西比的后裔,当他继承其家族企业衣钵时,曾辉煌一时的家族企业已出现了市场萎缩、资金紧张等情况,一时间千疮百孔。卡赫利法被逼无奈,只好背水一战。

卡赫利法天生具有一种"不安分"的商人性格,他明白,步家庭企业经营道路的后尘,一定行不通,只有独辟蹊径,才能将败局挽回。

这一年,阿拉伯半岛十分炎热,令人难以忍受。卡赫利法动了一番脑筋:假如开设一家冷冻食品店,一定会有利可图。他冒着失败的风险,投入一些资金,在石油公司的旁边开设了一家冷冻食品店,出售袋装食品和冷饮。这些商品很受饥渴难忍的顾客欢迎,商品经常供不应求。一些大商人也纷纷来进货,冷冻食品店从此发展了起来。

倘若这样经营下去,凭借卡赫利法的智谋,别人很难取胜。钱,他还是能够赚到的。然而,卡赫利法不愿意与后来者在同一条起跑线上,他想努力创新,寻找新的起点。经过分析了解,他又盯上了尚未兴起的渔业。他将冷冻食品店卖掉,开设了一家渔业公司,从事渔业贸易。经过几年的努力,到1986年,卡赫利法已经成为海湾地区渔业的龙头,他拥有10多条渔船,年渔业产值500万美元。

其他一些商人,看到卡赫利法在发渔业财,十分羡慕,便接连不断地挤了进来，都想抢先。一时间，波斯湾千船齐发，万网并张，展开了一场激烈的市场争夺战。

卡赫利法明白，捕鱼船会不断增多，但鱼却不能增加。于是，他又将船队果断卖掉，从渔业退出，寻觅另一条创新的道路。没过多久，卡赫利法发现中东饮用水匮乏，遂开办了一家生产、经营矿泉水的公司，又一次大获全胜。

卡赫利法原本只是一个无人知晓的小商人，但却发展成为了赫赫有名的大富翁。在阿拉伯，他可以说是一个商业传奇。他为什么总是能如此幸运、百战不殆呢？他成功的秘诀就在于：永不与别人抢夺市场，先人一步、开辟市场才是王道。

可能每个生意人都知道一个道理：先人一步，在财富上也能领先一步。那些成功的人之所以能成功，也是因为他们眼光独特，他们抓住一些市场契机，满足了人们的需求，比如第一家饭店、第一间咖啡屋、第一家桌球室，等等。

在市场经济与主导的今天，任何人虽然都不能独占市场，但真正能赚取财富的往往是那些"动作迅速"的"先人"，"先入为主"才能占领市场的领先地位。渴望致富的人们，如果不敢独立思考，而只是附和别人，那么，最终只能与那些"带头人"分一杯羹。

总之，任何一个创业者，都应该有与时俱进的学习心态和超前意识，要学会预测市场潜在需求，懂得捕捉发展的商机，避开他人已经暖热的市场，才能大大提高自己的竞争力。

第 09 章

顺势而为，善用变通逻辑能少走很多弯路

我们从小就被灌输"坚持到底"的思想观念，为此，我们执着于实现不了的人生目标，执着于错误的思维观念，甚至一条道走到黑，丝毫没有意识到宝贵的生命在执拗思想的操控下正在一点点悄然溜走。等到日暮西山时，即使幡然悔悟，也已经为时晚矣。人生，永远没有后悔药。因此，我们要明白，如果你发现撞了南墙，一定要让思维转个弯，要懂得跳出思维的固有框架，懂得顺势而为，只有这样，你才能避免走很多弯路，只有这样，在追求成功的道路上，你也才能走得一帆风顺。

过分执着,反而是一种弊病

我们都知道,执着是一种良好的品质,执着能让一个人认准了一个目标就不再犹豫坚持去执行,无论在前进中会遇到怎样的障碍,都决不后退,努力再努力,直至目标实现。在我们追求梦想的过程中,更需要这样的意志力。因此,执着历来都被人公认为一种美德。然而,过分执着就变成了固执,这是一种弊病。固执的人之所以固执,是因为他们对于自己要做的事心存执念,他们认准了目标后便不再回头,撞了南墙也不改变初衷,直至精疲力竭。

因此,有时候,要重新审视自己的行为,如果发现自己撞了南墙,就要懂得回头,不能在错误的道路上越走越远。

这个世界上没有任何事是一成不变的,生命在不断向前,我们的生活也是如此。生活着的人们,相信你曾经遇到过这样的情况,你遇到了一个难题,你认为自己已经进入了死胡同,但事实上,这只是你没有找到出路而已。当你转换一种思维方式,你会发现,原来答案是那么简单。人的思维就是这样奇妙。有一句话说得好:"横切苹果,你就能够看到美丽的星星。"

可能你会说,我就是个不聪明的人。不要紧,从日常生活中开始改变自己就可以。当你每天早晨一打开窗户的时候,就会感受到一股新鲜的空气。于是,你感觉自己的身心是多么的轻松。接下来要做的事情就是，投入到每天的学习和生活当中。好像这个世界上的事情永远做不完似的。而最重要的是，你可以每天让自己多出一点新奇的想法，给生活增添一点新奇的意味。如果你这样去做了，那么，你就等于在努力突破自我，虽然现在还没有奇迹发生，但至少你和原来的你是不同的了。

我们每个人，若想让自己变得灵活机敏起来，就需要从以下几个方面努力：

1. 要转变观念，撞了南墙一定要回头

有些人可能会认为，坚持到底就会胜利。但前提是，你的思路是正确的。对于不适合你的路，就不要过于执着。当你有既定目标时，一定要坚持不懈，但也不能太强硬，不知变通。如果行不通的话，就要尝试着换一种方式去努力。

坚守的不一定都是正确的，舍弃的未必都是可惜的。适时转变思路，调整方向，也许就会柳暗花明、天堑变通途，成就你成功的人生。

2. 全面地分析形势，找准自己的出路，最终才能立于不败之地

当你陷入生活和事业的困厄中，找不到路时，便产生了困惑和茫然的感觉。此时，你应该使自己冷静，并保持清醒，全面分析现状，然后转变思路、大胆创新，为自己开辟一条新的出路。

认清自己，适时放弃错误的选择

一直以来，中国人都比较推崇坚持的精神，清代郑板桥也说"咬定青山不放松……任尔东西南北风"。我们也常常听周围的人说"凡事坚持就是胜利"。诚然，我们不得不承认一点，很多人在解决问题的时候，因为有锲而不舍的精神而最终迎来了成功。但成功的前提是，我们所坚持的事是建立在现实基础上的。坚持那些不切实际的事是与做白日梦无异的。对此，与其错误地坚持下去，不如明智地放弃，然后另选一条捷径。当然，这需要我们学会准确地定位自己、认清自己、看到自己的价值，然后懂得适时放弃错误的选择。这样，你就能充分挖掘到自己的内在动力，再朝着正确的方向努力，你就会做回自己，充分发挥自己的价值。

实际上，每个人在生活和工作中都面临着各种各样的选择。有些人心胸豁达，凡事能看得开，因而不会因为很多得失纠结苦恼。相反，有些人心思细腻，而且占有欲强，不管什么事情都想拔得头筹，最终反而导致什么好处都没捞着，则更加郁闷。坚持，的确是我们实现梦想的必要条件，然而，坚持也是要分情况的。为了不切实际的坚持而错失更好的机会，结果让人不胜唏嘘。当认清自己心中真正在乎和想要的之后，我们就应该做到果断放弃。很多情况下，放弃也是一种得到，是一种人生的大智慧。我们不可能面面俱到地活着，只能重点抓住生活的某几个方面。因而，只有放弃，才能让我们把有限的精力投入到更重要的事情中去，从而及时改变方向，重新规划未来。

在深海里，有一种非常美丽的银鱼，它有漂亮的大眼睛，看起来就像是游弋在海洋中的小精灵。这种鱼叫马嘉鱼，每到春夏之交，就会跟着海浪游到靠近海岸的浅水区产卵。这种鱼虽然看起来像精灵，实际上非常愚钝，它们总是不知道变通，因而渔民常常能趁着马嘉鱼来到浅海的时候，轻而易举地抓住它们。

渔民们是如何捕捉马嘉鱼的呢？方法简单极了，听起来简直让人难以相信。他们事先准备好空隙比较大的障碍物，就像人们平时生活中使用的竹帘或者木帘那样，只不过空隙要更大一些。然后，他们把帘子的一端坠上铅坠或者铁块，使其在海水中保持直立状态。然后，他们就开始用两只小船拖着帘子行进，以拦截马嘉鱼群。原本，很多鱼在遇到障碍物的时候都会掉头，改变方向，但是马嘉鱼却有着超强的个性，他们不但不会拐弯，反而继续勇往直前。

最终，它们接二连三地钻进竹帘的缝隙中，导致竹帘的缝隙越来越狭窄，紧紧地锁住它们。这反而更加激怒了马嘉鱼，它们更加不顾一切地朝前冲，奋不顾身。就这样，渔民轻而易举就能捕捉到很多的马嘉鱼。

马嘉鱼的个性，在我们之中的很多人身上，也有所体现。

一直以来，我们太信奉坚持到底就是胜利的理念了。为此，我们执着于名利权势，丝毫没有意识到宝贵的生命时光在勾心斗角中悄然溜走。我们必须扪心自问，清楚地知道自己想要什么，才能最终获得幸福。

然而，我们的生活中，却也有这样一些人，他们习惯于做白日梦，他们管不住自己的大脑，总是幻想着这样或那样的事，却没做好该做的事。所以，我们要平静下来，脚踏实地做好手头的事，一步一个脚印。成就决非朝夕之功，凡事必须从小做起。

我们每个人，都有自己的梦想，都希望能做出一番成绩来。但现实告诉我们，必须要从最基础的工作做起。这对于那些喜欢做白日梦的人来说，无疑是更高层次的挑战。可见，坚持其实是追求卓越的一种优秀品格。但是，当出现在我们面前的是一座无法逾越的大山时，我们所需要的不是一条路走到黑的执着。这时，应学会变通和放弃，另做明智的选择。错误的坚持要不得，我们需要的是灵活应变，而不是盲目的执着。

总之，对于那些不切实际的坚持，该放手的时候就要明智地放开手。明知道这是一条走不通的死胡同，却还要继续往前走，未来要面对的也许只有痛苦与无法找回的时间。

适时改变，别禁锢思想

执着的精神对于人生的重要性早已毋庸置疑，然而，我们也不可执着过度，否则执着就会变成固执，就会变成不知道变通的一根筋。不管做什么事情，都有可能面临各种变化，在这个世界上的万事万物总不会一成不变。那么最重要的就是要调整好自己的心态，努力地经营好人生，这样才能在成长的道路上一往无前，也才能在进步的过程中始终坚定不移，面对未来。

当一个人的思想已经禁锢的时候，他已经无法为自己寻找一条生路了。要想获得成功，我们就必须懂得适时改变，固步自封或一成不变只会将我们推进无法回头的境地。好像一艘在大海里航行的船只，如果它想要行驶到自己的目的地，那么就应该懂得"见风使舵"。纵观世界万物，它们因为变通而赖以生存：为了适应大漠的风沙，仙人掌将叶子退化为刺；为了适应西北的狂风，胡杨扎根百米宽；为了适应海水的动荡，海带褪去了根须。

萧伯纳说："明智的人使自己适应世界，而不明智的人只会坚持要世界适应自己。"懂得适时改变，实际上就是以变化自己为途径，即使我们改变不了处境，但我们却可以改变自己；即使改变不了过去，但我们却可以改变现在。在通往成功的路上，我们没有必要那么较真，既然前面的路行不通，那就走路边的小径吧。

适时改变并不是背叛"执着"，而是审时度势之后作出的正确选择。在前途茫然的时候，适时改变是一种理智；在误入歧途时，适时改变是一种智慧；在逆境中懂得适时改变，这是一种远离苦难的策略。

战国时期，有个秦国人名叫孙阳，他精通相马，无论什么样的马，孙阳都能一眼分出优劣，人们都称他为"伯乐"。在经过多年的相马以后，孙阳将自己积累的经验和知识写成了一本书——《相马经》。

孙阳的儿子看了父亲的《相马经》，就拿着这本书到处去寻找好马。按着书里的特征，他在野外发现了一只癞蛤蟆，儿子觉得这与父亲所描写的千里马的特征十分相似。于是，他兴奋地将癞蛤蟆带回家，对父亲说："我找到了一匹千里马，只是马蹄短了些。"孙阳一看，没想到儿子如此愚蠢，悲伤地叹息："所谓按图索骥也。"

"按图索骥"这个词语后用来讽刺那些拘泥不懂得改变的人。池田大作曾说："权宜变通是成功的秘诀，一成不变是失败的伙伴。"在战胜逆境的过程中，最重要的事情就是必须注意转弯。成功路上，既需要我们坚持到底，但若是遇到了挫折与困难，懂得转弯和改变也同样重要。千万不能食古不化、固执己见，否则只会让自己离成功的目标越来越远。

一个人是否能够成功，关键在于自己的心态，但是不能脱离实际，必须以实际情况来确定自己的人生目标。而一个人在面对困难时所坚持的信念，要远比任何事情都重要，因为信念将决定命运。

身处逆境，我们要懂得适时改变，既需要坚持，也需要适时放弃。因为做事灵活、懂得变通的人，总是能够赢得最后的成功。在逆境中，不切实际的坚持是愚蠢的，这样只会使自己在逆境中僵持得更久。所以，面对逆境，我们要懂得适时的改变，丢掉不切实际的坚持。

很久以前，有个人要去山对面的亲戚家里喝喜酒。因为旅途遥远，所以他早早地就出发了。然而，在翻山越岭的过程中，他遇到了一块很大的石头横亘在眼前。这块石头似乎是从山上滑落下来的，把原本就不宽的道路堵得死死的。为此，这个人就站在石头面前不停地想啊想啊："这个可恶的石头到底是从哪里来的？为什么就这样横在道路中间？为什么没有人把它搬走呢？"他这样想了很久，始终都站在石头面前纹丝不动。后来，天色渐渐晚了，家里人等他不到，还以为他在亲戚家里喝喜酒喝醉了呢，就去找他。走到半路，才发现他正站在石头面前纹丝不动。

家人问他："你是喝喜酒了，还是没到呢？"他回答："这块石头挡住了我的路，我还没到呢？"家人不由得嗔怪："你怎么不绕着石头走啊？人家的喜酒早就散席了。"他说："我不想绕过去，我每次都是从这条路上走的，凭什么这次让大石头挡住路呢！"家人无奈地摇摇头："你就这样站在这里瞪着石头，难道石头就会消失了吗？既然晚了，就不要喝喜酒了，赶快回家吧！"就这样，家人把他带回家，他没有喝到喜酒，始终郁郁寡欢。

人生的路上，说不定什么时候就会掉下来一块大石头，挡在我们的面前，我们或者能从石头上爬过去，或者要绕着石头而走，总而言之不能像事例中的这个人一样就这样与石头对峙，停滞不前，不但没有消除石头，反而导致人生止步不前。不得不说，这样的结果是失败的，因为白白浪费的是自己的生命和时间。

现代职场上，有很多年轻人做事情，总是一门心思去做，而不管结果如何，更不管自己是否取得了进步。乍看起来，他们如同勤勤恳恳的老黄牛一样勉力前行，而实际上因为不懂得方式方法，所以难免会导致事倍功半。那么作为年轻人，当看到自己在工作上没有更好的成长和更大的进步时，要进行反思，要知道自己哪里做得好，哪里做得不够，哪里需要改进。唯有这样尝试改变自己，提高效率，才能在职场上有更好的表现。在漫长的人生之中，每个人都会面对很多选择，当面临人生的十字路口时，向左还是向右，是很难抉择的。只有忠于自己的内心，只有全力以赴做出选择和决定，我们才能更加笃定。

与时俱进，才有应变的能力

生活中，我们常听他人说"与时俱进"这一词，也就是说，我们在做事时，要懂得变通，毕竟我们所生活的时代每天

第09章
顺势而为，善用变通逻辑能少走很多弯路

都在变化，守旧的思维模式只能让我们被时代抛弃。事实上，自古以来，人类的进步就是因为能做到与时俱进，能做到思维的创新，否则就会停滞不前。同样，一个人，能不能做到思维上的与时俱进，直接关系到这个人事业的成败，因为只有创新才能激活自己全身的能量。

因此，我们每个人都要明白，在瞬息万变的社会上，真正的危险不是知识和经验的不足，而是固步自封，跟不上时代的步伐。

一个人要想成功，勇气、努力都必不可少。但更重要的是，人生路上要懂得与时俱进，要懂得不断收集各种资讯，使自己对环境和追求的事业方向有更充分的了解。因为一个人只有了解得越多，才越有应变的能力。

曾国藩一生追随者甚多，但是在做官方面却大半生不得志，直到清末太平天国运动之后，他才一展抱负。

皇帝命他帮办团练。曾国藩回到湖南，表面上看是办团练，实则是新军，虽然不是清朝正式编制，一切由湘军自行招募，但确实培养了自己的嫡系部队。

其后，因为两次兵败靖港，羞愧愤极，曾国藩写下遗书，两次投水自尽，都被部下救起。曾国藩后调整自己的心态，在禀报朝廷时以屡败屡战奏折上书，以表败而不馁气概。并在战争中一边手拿兵法，一边吸取教训，使湘军占有主动地位。

曾国藩强调无论是作战还是为官，都要择善而从，灵活变

通。而当一切尘埃落定后，他并没有自立威望，而是归隐田野。这是一种智慧的哲学思想和变通的处世思想，也正是因为如此，他才得以成就和保全功名，一生福禄两全。

我们都知道，在通往成功的道路上，处处都可能有被错过的良机。只有善于把握机会，哪怕是万分之一的机会，你的人生理想都有可能尽快实现。

现实生活中，人们都知道机遇的重要性，但并不是所有人都能把握住机遇。事实上，在机遇面前，很多人只会一味地模仿别人，以为众人走过的路、用过的方法，是最保险的。但殊不知，在众人都踩过的路上，很难有令人惊喜的果实被人发现。

人是善于思考的动物，处于竞争激烈、变化多端的社会中，当我们一旦发现自己的定位与现实不合拍的时候，调整步调才是最明智的选择。

可见，在漫长的人生旅途中，每一个人不能不面对变化，不能不面对选择。学会变通，不仅是做人之诀窍，也是做事之诀窍。那么，我们该怎样做到关注前沿信息、提高自己的思维变通能力呢？

1. 关注前沿信息，更新观念

我们要关注时事新闻，关注周围世界的变化，这样，你才能逐步更新自己的观念和强化自己的变革意识。

2. 学会变通要有勇气应对变化

勇气的作用就是调动起自己全部的能力去迎接变化和挑

战。一个人想学会变通，首先必须鼓起勇气。勇气是人的一种非凡力量。它虽然不能具体地去处理某一个问题，克服某一种困难，但这种精神和心态却能唤醒你心中的潜能，帮助你应对一切变化和困难。

3. 学会变通，要有信心开发潜能

所谓信心，就是一种心态潜能。也就是说你是一个充满信心的人，你有信心克服困难，有信心获得成功。那么，你身上的一切能力都会为你的信心去努力，你也就有可能成为你希望成为的那样；反之，如果你缺乏信心去努力，总以为自己没有能力去做这一切，那么，你的一切能力也就会随之沉寂，你自然就会成为一个没有能力的人。

总之，任何一个人，如果你希望自己能适应现在的工作、生活乃至整个社会环境，你需要明白"适者生存"这个道理，要懂得适应时局，并要积极思考，随时调整自己。只有这样，才有可能抓住机遇！

学会多角度看问题，你会看到不同的世界

有人说，人生之路本就是一条曲折之路，当我们被绊倒的时候，应多角度看问题，打开心灵的另一扇窗，以一种积极、乐观的态度去面对人生中的一切。半杯酒静静地在杯子中，来

了个酒鬼，看了看摇摇头，说道："唉，只有半杯酒。"过了一会儿，又来了一个酒鬼，看到以后兴奋地说："太好了，还有半杯酒。"足见，不同的角度看问题，会让我们获得一种全然不同的心境。所以，学会多角度看问题吧，这样你会发现事情远没有想象中那么糟糕。

有四个小孩在山顶上玩耍，正玩得起劲的时候，突然，从远处窜出来一只大狗熊。第一个小孩反应很快，拔腿就跑，一口气跑了好几百米。跑着跑着，他感到身后没有人，他回头一看，其他三个孩子都没有动，他大声喊道："你们三个怎么还不跑呀，狗熊来了会吃人的！"

第二个小孩正在系鞋带，他回答说："废话，谁不知道狗熊会吃人呀，别忘了狗熊最擅长的就是长跑，你短跑有什么用？我不用跑过狗熊，只需要跑过你就行了。"这会儿，他惊奇地问旁边的小孩："你愣着做什么？"第三个小孩说："你们跑吧，跑得越远越好，一会儿狗熊跑近我的时候，保持安全距离，我带着狗熊，到我爸爸的森林公园，白白给我爸爸带回一份固定资产。"说完，他忍不住问第四个小孩："你怎么不跑啊，等死呀？"第四个小孩说："你们瞎跑什么呀，老师说了在没有搞清楚问题的时候，不要乱作决策，不要乱判断，需要做市场调查。狗熊是不会轻易吃人的，你们看山那边有一群野猪，狗熊是奔着野猪去的，你们跑什么呀？"

当我们试着多角度看问题的时候，你会发现狗熊并不是冲你来的，内心那些恐惧和忧虑是多余的，完全没有必要，生活依然是美好的，我们完全可以放下心中沉重的包袱。每一个人眼中都有一个与众不同的"小宇宙"，不同的人在各自的"小宇宙"中发现着不同的色彩，演绎着各自的人生。

卡耐基认为，在现实生活中，许多事情多个角度或者换个角度看，就有了不同的心情、不同的答案。多个角度看问题，我们要有推翻成见的勇气和别出心裁的智慧，即使在黑暗的峡谷，我们也会沿着光走出来，顿时之间，就会有一种豁然开朗的感觉。

1941年，在美国洛杉矶，有一群人直到深夜还在摄影棚里忙着拍摄工作。原来，这是一个电影的拍摄基地。然而，刚开始拍了几分钟，导演就再次大喊大叫起来，甚至有些愤怒。他手舞足蹈地对摄影师喊道："我需要大仰角！大仰角！你知道我的意思吗？"摄影师有些无奈，演员也情绪波动，因为迄今为止这个镜头已经反反复复拍了十几次了，所有人都累得人仰马翻，根本不想知道年轻的导演到底需要什么样的效果，而只想马上得到休息。在导演一次又一次地"叫停"声中，他们筋疲力尽，疲惫不堪。正当导演继续喊着"大仰角"时，已经扛着摄像机紧贴地板趴着的摄影师再也按捺不住了。对着这个还是黄毛小子的导演，摄影师站起来喊道："我已经趴到地板上了，难道你看不见吗？"这时，同样累得不想再来一遍的工作人员们全都停下工作，带着嘲讽的意味看着导演。

年轻的导演一语不发，只是盯着摄影师看着，然后突然走到工具箱中找出一把斧头，三步并作两步地走向摄影师。在场的人全都紧张万分，不知道这个黄口小儿到底会做出怎样冲动的事情。正当大家全都紧张地看着导演时，只见导演举起斧头，朝着摄影师刚才趴着的地板狠狠地砍着。很快，导演就把地板凿出了一个巨大的窟窿。导演面色平静地告诉摄影师："现在，站到洞里，继续拍摄。"摄影师不由得为导演的独具匠心感到钦佩，因而顺从地站到地板上的大窟窿里，努力压低镜头，居然拍出了一个效果超好的大仰角。这个镜头是伟大的，让年轻的导演——奥逊·威尔斯拍摄出了美国历史上最伟大的影片之一——《公民凯恩》。正是凭借着大仰拍等摄影技术，这部电影迄今为止依然作为美国电影学院的教学影片供给学生们学习。

在奥逊·威尔斯之前，从未有过导演能够想出用砸烂地板的方式，以便让摄影师拍出一个符合自己要求的大仰角。正是因为角度的不同，电影的呈现效果也完全不同。其实，人生又何尝不是如此呢？很多时候，我们思维僵化，看任何事情的角度都没有变化，这也导致我们解决问题毫无新意。假如我们也能勇敢地拿起斧头打破心中的禁锢和限制，那么相信我们一定能从人生中看到与众不同的情景。

有时候，我们凭着传统的思维来思考问题，常常会感到无所适从，如果能跳出常规思维，多角度去思考和解决问题，用一种全然不同的思路和方法去解决问题，可能就会有豁然开朗的感觉。多角度看问题，我们常常会获得意外的惊喜。

变通思维、化繁为简

生活中，我们在解决问题时发现好像陷入了死胡同，甚至产生了放弃的念头，而其实，之所以出现这种情况，是因为我们束缚了自己的思维，有时候，只要能变通思维、化繁为简，就能找到捷径。

有这样一个有奖征答活动，题目是：一次，三个人一起坐热气球旅行，这三个人都是关系人类命运的科学家。第一位是核子专家，他有能力防止全球性的核子战争，使地球免于遭受灭亡的绝境；第二位是环保专家，他可以拯救人类免于因环境污染而面临死亡的厄运；第三位是粮食专家，他能在不毛之地种植粮食，使几千万人脱离饥荒而亡的命运。但旅行到一半旅程，他们却发现热气球充气不足。此刻热气球即将坠毁，必须丢出一个人以减轻载重，使其余的两人得以存活，请问该丢下哪一位科学家？

因为奖金数额庞大，征答的回信如雪片飞来。每个人都竭尽所能地阐述他们认为必须丢下哪位科学家的见解。最后，结果揭晓，巨额奖金的得主是一个小男孩。他的答案是：将最重的那位丢出去。

我们在赞叹小男孩的答案时，也不难得出这样一个结论：任何复杂的现象，其复杂的也只是表面，其实都有它一般性的规律，都可以找到简单的分析、处理方式。这就是化繁为简的过程，这个过程需要找寻规律、把握关键。

在美国乡村，有个老头和他的儿子相依为命。

一天，一个人找到老头说要将他的儿子带去城里工作，老人愤怒地拒绝了这个人的要求。这个人又说："如果你答应我带他走，我就能让洛克菲勒的女儿成为你的儿媳，你看怎么样？"老头想了又想，终于被让儿子能当"洛克菲勒的女婿"这件事情说动了。这个人精心打扮后，找到了美国首富、石油大王洛克菲勒，对他说："尊敬的洛克菲勒先生，我想给你的女儿找个对象。"洛克菲勒说："快滚出去吧！"这个人又说："如果我给你女儿找的对象是世界银行的副总裁呢？"于是洛克菲勒就同意了。最后，这个人找到了世界银行总裁，对他说："尊敬的总裁先生，你应该马上任命一个副总裁！"总裁先生摇着头说："不可能，这里这么多副总裁，我为什么还要任命一个副总裁呢，而且必须马上？"这个人说："如果你任命的这个副总裁是洛克菲勒的女婿呢？"总裁立刻答应了。

在这个人的努力下，那个乡下小子不但娶了洛克菲勒的女儿，也成为了世界银行的副总裁。

这是一个财富故事。苏格拉底说过，真正高明的人，就是能够借助别人的智慧，来使自己不受蒙蔽。那个乡下小子之所以能成为世界银行的总裁，还能娶到克洛菲勒的女儿，就是因为到访的陌生人帮他找到了通往成功的捷径，让他一下子由一个穷苦的乡下人摇身一变成为众人羡慕的贵族。

而我们发现，很多时候，我们在寻找解决问题的方法时，往往把问题考虑得过于复杂化，其实事情本质是很单纯的。表面看上去很复杂的事情，其实也是由若干简单因素组合而成。

所以，我们要看到思维的力量，我们也应该锻炼自己的头脑，扩展自己的眼光和思维。因为这是一个脑力制胜的年代，谁的想法更高明、更有效，谁就更容易高效能地做事，也更容易提升自己的价值。很多时候，一个金点子，花费不多，却拥有点石成金的力量。只有看到别人看不到的东西的人，才能做到别人做不到的事。灵活的头脑和卓越的思维为我们提供了这种本领，深入地洞察每一个对象，就能在有限的空间，成就一番可观的事业。

事实上，我们任何人，无论做什么，都要有灵光的头脑，善于运用创造性思维，不能钻牛角尖。这条路走不通，不妨转换一下思维，何不尝试下反过来思考，先找问题的本质？思维一变天地宽，勤思考，善于逆向、转向和多向思维的人，总能找出解决问题的方法，总能以最少的力气，做出最满意的效果。

生活中，很多人之所以在某些事情上失败，就是因为他们一直在做无用功。如果你也是个不爱动脑的人，那么，你不妨试着学会思考，你就会发现积极思考的惊人力量，任何困难和失败均能通过它来解决；即使是那些杂乱无章的事情，只要你运用思考的力量，就会将他们一一捋顺。思考不是"无用功"的代名词，而是"节能、省力"的法宝，因为它能以积极的思维去摆脱困境，化解难题。

总之，面对看似杂乱无章的事情，只要你能开动大脑，跳出习惯的思维框，就有可能抓住问题的实质，继而得出异乎寻常的答案。

头脑灵活，积极适应不断变化的外界环境

人们常说，"物竞天择，适者生存"，这是自然界生物进化的基本规律。在这个变化、竞争的时代，如果你能适应这种变局，你就是生活的强者；反之，就会面临巨大的危险。如果不能适应变化、竞争，无论你看起来多么强大，都会有被淘汰的危险。其实谁都明白这个道理，谁都想从残酷的竞争中脱颖而出，成为时代的强者。但真正做起来却很难，需要我们及时调整思维，头脑灵活，积极适应不断变化的外界环境。

第09章
顺势而为，善用变通逻辑能少走很多弯路

有一位身材矮小、相貌平平的青年叫卡纳奇。有一天早晨，卡纳奇到达办公室的时候，发现一辆被毁的车身阻塞了铁路线，使得该区段的运输陷于混乱与瘫痪。而最糟的是，他的上司、该段段长司哥特又不在现场。

作为一个送信的仆役，卡纳奇面对这样分外的事情该怎么办呢？守职的办法是，要么立即想法去通知司哥特，让他来处理；要么坐在办公室里干自己分内的事。这是既能保全自己职业，又不至于冒风险的做法。因为调动车辆的命令只有司哥特段长才能下达，他人干了，都有可能受处分或被革职。但此时货车已全部停滞，载客的特快列车也因此延误了正点开出的时间，乘客们十分焦急。

经过认真、反复思考后，卡纳奇将自己的职业与名声弃之一边，他破坏了铁路最严格的规则中的一条，果断地处理了调车领导的电报，并在电文下面签上司哥特的名字。当段长司哥特来到现场时，所有客货车辆均已疏通，所有的事情都有条不紊地进行着。他非常震惊，但一句话也没有说。

事后，卡纳奇从旁人口中得知司哥特对于这一意外事件的处理感到非常满意，他由衷地感谢卡纳奇在关键时刻的果敢、正确行为。

这件事对貌不惊人，甚至有点丑陋的卡纳奇来说是一个关系终生的转折点。此后，他便被提升为段长。

可见，一个能灵活处世、善于变通的人，他们勇于向一切

规则挑战，敢于突破常规，因而他们也往往可以赢得他人所无法得到的胜利。

生活其实就是一面变幻莫测的魔镜，看你想如何变。如果你总是想着生活不如意，那么不顺心的事就会像妖魔出洞一样全向你袭来。如果你能适应变化的环境，调控好自己的情绪，变幻的魔镜将会使你摆脱挫折，越过障碍，远离烦恼。迎接你的将是灿烂的阳光，美丽的鲜花。你的心情也将会随之轻松愉悦。

诚然，在激烈的社会竞争中，是离不开胆魄、勇气、意志力的，需要思想和智慧。没有头脑的人，一旦遇到阻碍，就会为自己设置一个"不可能"的思维模式。而事实上，只要你转换一下思维，拓宽自己的思路，其实，出路就在眼前。

其次，你需要敢于开拓和尝试。变通思维是创造性思维的一种形式，是创造力在行为上的一种表现。思维具有变通性的人，遇事能够举一反三，闻一知十，做到触类旁通，因而能产生种种超常的构思，提出与众不同的新观念。科学领域的很多建树，都需要以思维的变通为前提。一般来说，变通思维用好了，就会起到一种"柳暗花明"的奇妙作用。

东汉初年，辽东一带的猪都是黑毛猪，对于这样的猪品种，当地人都司空见惯、习以为常了。但是突然有一天，当地一位商人家中的老母猪生了一窝毛色纯白的小猪，如此新鲜的事物，大家自然是争着前来看。周围的人看到如此品种奇特的

第09章
顺势而为，善用变通逻辑能少走很多弯路

猪，就给他出主意："如此干净纯白色的小猪，天下一定少见，你应该将它们送到京都洛阳，献给皇帝，皇帝一高兴一定会奖赏你。"还有人出了其他主意："还不如把这群小白猪拉到燕京市场上去，肯定能卖个大价钱，物以稀为贵，错过了这个机会后悔都来不及了。"辽东商人听了，觉得很有道理，经过一番盘算，觉得还是把猪运到燕京市场去卖个大价钱比较合算。于是他把白毛小猪装上车，向燕市进发了。

三个月后，经历了长途跋涉的商人终于带着它的小白猪们到了燕京的市场，而且，这些小猪们也都长大了，令他喜不自胜，心想这一回不知道要发多大一笔财呀！这一天，当他把白毛猪运到市场的时候，简直给吓呆了！原来燕京市场中卖的猪都是白色的，白毛猪在这里不足为奇不说，价钱还不如辽东的黑猪。辽东商人眼看着猪卖不出去，空欢喜一场，心中十分懊悔，心想还不如在当地卖了，也总比现在这样强啊！

他甚是苦恼，陷入沉思中，过了会儿，他灵机一动：既然辽东没有白毛猪，这里白毛猪的价格也不贵，我为什么不从燕京贩几十头白毛猪回辽东？那样才是真正的物以稀为贵，肯定能赚一笔。于是他就从燕京贩了几十头白毛猪回辽东，很快就卖出去了。接着他又贩黑毛猪来燕京，也是赚得盆满钵满。

聪明人从这个故事中能读懂这个道理：社会是变化的，市场的需求也是时刻变化的，当需求变化的时候，也正是财富发生转移的时候，所以，一定要学会把握市场需求的脉搏，要根

据市场的需求来制订自己的投资计划。

总之，身处于现实社会，当一些事物已经改变的时候，切记不要再按照原来的规则做事，否则一定会因为忽视游戏规则的变化而使自己的财富白白流失，还可能丧失获得更多财富的机会。

第 10 章

锐意变革,激活创意逻辑使自己处于竞争中的有利地位

未来社会,是否拥有创新能力对于竞争的重要性早已毋庸置疑,处于新时代的人们,应当具有锐意变革的精神,才能使自己处于竞争中的有利地位。而实际上,做到创新并不是一件易事,因为我们每一个人都有比较固定的思维方式,在这个思维方式中我们所有想法都是在一定范围内的。因此,要做到创新,你首先就要学会打破固有的思维方式,并学会尝试运用你从来没有运用过的方式来解决一个问题,这样你会做得更好。

告别因循守旧，用新思维突破常规观念

我们都知道，从古到今，不管是国家繁荣，民族兴旺，还是个人的成功，无不是与创新思维有着密不可分的关系。简单地说，创新就是创造革新，与墨守成规和因循守旧相对立。一个人若是想成大事，首先一定要用新思维突破常规观念。

当今社会是一个脑力制胜的年代，谁的想法更高明、更有效，谁就更容易提升自己的价值，获得命运的垂青。生活中的每个人，都应该调动自己的大脑，激发大脑潜能。很多时候，一个点子，看似简单，却有点石成金的力量。灵活的头脑和卓越的思维为我们提供了这种本领，深入洞察每一个对象，就能在有限的空间，成就一番可观的事业。

有这样一个小故事，美国一个摄制组，找到一位柿农，表示要买他们的柿子。于是柿农找来了自己的同伴们，自己用带弯钩的长竿将柿子勾下来，同伴在下面用蒲团接住，一勾一接，配合默契，大家还相互谈笑风生，唱歌助兴。美国人把这些有趣的场景都拍了下来。临走的时候，那些美国人付给了他们钱，却并没有拿走那些柿子。柿农都很奇怪。其实并不怪，因为他们就是靠这些纪录片来赚钱的，他们的目的并不是柿子，而是由柿子产生的信息产品，那才是他们此行的目的。

农民们忙了一年所带来的财富，却远不及这一段小小的纪录片。所以说，人不能仅仅凭着体力劳动或者技术来赚钱，还要学会思考，学会用自己的创意来赚钱。很多年轻人可能会说我没有创意，没有创造新事物的能力。其实，创意可能只是一个新鲜的想法，一种稍稍改良的做法。不要轻视这些微小的创意，也许他们可以给你带来巨大的财富。只要你勤于思考，勇于尝试，就会有不俗的表现。

因出产夏普牌电视机闻名的早川电机公司董事长早川德次，很小的时候双亲就去世了。他在小学二年级时，就去一家首饰加工店当童工。但早川并不自暴自弃：在这世界上没有疼爱我的双亲，也没有关心我的长辈，我的处境很悲惨，但只要我努力生活，就不会输给别人。

他进首饰加工店之后，每天所做的工作就是照顾小孩、烧饭、洗衣服及搬运笨重的东西。这样年复一年过了4个春秋，有一次他鼓起勇气对老板说："老板，请您教我一些做首饰的手工好吗？"老板不但没答应，反而大骂道："小孩子，你能干什么呢？你喜欢学的话，自己去学好了！"

从那以后老板叫他帮忙工作时，他尽量用眼睛看，用心学，这样一切有关工作上的学识和技能，全部是靠自己偷偷学来的。

他的勤奋与努力没有白费。18岁他就发明了夹裤带用的金属夹子，22岁时发明了自动笔。他有了发明，老板便资助他开了一家小工厂。这种自动笔很受大众喜爱，风行一时。30岁时，在他赚到1000万日元以后，就把目标转向收音机界，设立平川电机公司。

每个人都有思考能力，当你把这种能力转变为创意时，你的生活现状也许就会发生质的改变。有人说，创意无法标价，它实施后所创造的价值却是切切实实的。如果能用好创意，常常会达到事半功倍的效果。

其实，创意起初常常是有心人的灵机一动，不需要经过严谨的学术训练和精密的理论论证。创意人人都会有，但它更青睐于细心观察生活并随之跟进的人。卡耐基认为，创意是改变生活的加速器。它可以不是一件实实在在的产品，而是一种另辟蹊径的思维方式。思路决定财富并不是一句空话，如果有心要撬动财富的世界，改变自己的人生历程，创意就是你手中最有力的一根杠杆，它可以影响人生的成就和财富的流向。

"超人"剃须刀在中国的电动剃须刀中市场占有率名列前茅，但是他们的创业之路却是非常坎坷的。开始的时候，应家兄弟是做衡器配件的。有一次大哥到山西出差，看到人们在排着队买电动剃须刀，于是就特意到上海买了一个回来。大家都觉得这个东西很好，很有市场，于是决定做电动剃须刀。

几个兄弟开始繁忙地联系业务，但是订单有了，生产的事情却让他们大伤脑筋：当地的塑料加工工艺没有优势，很多零件要到全国各地去采购，增加了成本。不但如此，因为没有经验,剃须刀还出现了质量问题。但是失败并没有击败他们,他们又一次从市场、技术等方面作了详细的调查和分析,最终从刀片上打开缺口,开始了自己的事业。而今,"超人"与飞利浦、博朗、松下一起,位列全球四强品牌。

1.学会改变思想

当我们过着熟悉的生活的时候,总是害怕会被改变。但是,许多灾难、横祸是无法被阻挡的。能改变的是我们的思想,以及我们内心的胆怯。不要太在乎自己失去了什么,哪怕是工作、房子、金钱。无论我们的生活发生了怎么样的巨变,我们都可以从头开始自己的人生,甚至,还可能重新登上新的高度。

2.拥抱新思想

新思想是击破思维定势的有效武器。无论是在思考的开始,还是在其他某个环节上,当我们的思考活动遭遇了障碍,陷入了某种困境,难以再继续下去的时候,你需要思考一下:自己的头脑中是否有固有思想在起束缚作用?自己是否被某种思维定势捆住了手脚?

脑力制胜的年代,创新就是王牌

我们都知道,自古以来,人类就是在不断的创新中不断进步的，可以说，人类如果没有创新，只会停滞不前。同样，作为单个人，如何保持思考创新，直接关系到一个人的事业成败，因为只有创新才能激活自己全身的能量。有效的创新会点亮人生火花，成为生存的梦想和手段。谁有创新思想，谁就可能成为赢家。

李维·施特劳斯是第一个发明牛仔裤的人，并创立了著名品牌"levi's"。1979年，李维公司在美国国内总销售额达13.39亿美元，国外销售盈利超过20亿美元，雄居世界10大企业之列，他由此成为最富有的"牛仔裤大王"。

在李维年轻的时候，他怀揣梦想前往美国西部追赶淘金热潮。一日，他突然间发现有一条大河挡住了他往西的去路。苦等数日，被阻隔的行人越来越多，到处怨声一片。而心情慢慢平静下来的李维突然有了一个绝妙的创业主意——摆渡。由于大家急着过河，所以没有人吝啬坐他的船。迅速地，他人生的第一笔财富居然因大河挡道而获得。

渐渐地，摆渡生意开始清淡。李维决定继续前往西部淘金。来西部淘黄金的人很多，但卖水的人却没有，所以，水在这个地方成了最珍贵的东西。不久他卖水的生意便红火起来。后来，同行越来越多。终于有一天，在他旁边卖水的一个壮汉对他发出通牒："小伙子，以后你别来卖水了，从明天早上开始，这儿卖水的地盘归我了。"他以为那人是在开玩笑，第二天仍然来了，没想到那家伙立即走上来，不由分说，便对他一顿暴打，最后还将他的水车也一起拆烂。李维不得不再次无奈地接受现实。然而当这家伙扬长而去时，他却立即又有了一个绝妙的好主意——把那些废弃的帐篷收集起来，洗干净后，缝制成衣服，那么一定会有人愿意买。就这样，他缝成了世界上第一条牛仔裤。从此，他一发不可收拾，最终成为举世闻名的"牛仔大王"。

尽管在世界著名服装设计师的名单中并没有李维·施特劳斯，但没有一位服装设计大师的作品能像牛仔裤那样遍及全世界，而且经久不衰。经过100多年的发展，李维公司已发展成为在世界10多个国家和地区开办了近40个生产经营机构的国际公司，年产牛仔裤超亿条。

其实每个人都有创新意识，有的时候只是处于隐蔽状态，未曾开发出来而已。因此，新时代的年轻人，只要你敢于突破常规、敢想敢干，一样能够突破自我。

在如今这个信息时代，越来越多的人正因为有创新意识，才获得了令我们瞠目结舌的成就。一些大有成就者，就是凭借自己的超前意识在社会上独树一帜、独领风骚的。他们能够根据当下的形势分析出有前景的行业，然后采取行动，从而把握未来，让自己成为事业上的先行者。

当前社会，新学科、新知识层出不穷，创业也不再容易，更多需要人们的努力。在脑力制胜的年代，我们要做到创新，就要注意加强对新知识的学习，孤陋寡闻，学识浅薄，是不可能获得成功的。

经商，要有敏锐的眼光和灵活的手脚

在这个信息时代，要想拥有更多财富，首先我们要懂得发现市场背后的需求，以此寻找商机。一些有成就的商人，就是凭借自己的商业头脑在商界独树一帜、独领风骚的。他们能够根据当下的形势分析出未来市场的需求，他们具有超前的意识和思维，他们能尽早地作出预测，采取行动，从而把握未来，让他们成为事业上的先行者。

对于任何一个渴望致富的人而言，都要明白，无论你现在多大年纪，无论现在市场情况如何，只要你有心寻找机遇，那么，就没有什么来不及。只要你立即行动、大胆地去实践，而不只是把它当成一个遥不可及的梦想，就有可能实现。

在冰天雪地的阿拉斯加，把冰块卖出去，听起来似乎不可思议，但是在现实生活中就有人做到了。

有一位销售人员，他从阿拉斯加的冰天雪地中收集到了冰块，并且将这些冰块以3美金/公斤的价格卖给当地的客户。

这位销售员在阿拉斯加地区从事食品买卖生意，他和其他的销售员不同，他从不将顾客当成上帝，而是将他们当成朋友，他也不急于推销产品，而是会努力先花时间和客户待在一起，了解他们的需求。他发现他的客户都喜欢喝冰镇的饮料，但是冰块在饮料中容易融化，很快会使饮料变淡，影响口味。这个问题让客户很头疼，但又束手无策。

在理解了这一问题后，他翻阅了大量的资料，终于找到了解决问题的方法。他挖出阿拉斯加冰河底层的冰块，这些冰块因为有着成千上万年的历史，密度很大，融化的速度很慢，可以让饮料变得冰凉，却不稀释饮料。

他成功了，他因为帮助客户解决了生活中的难题而获得了他们的信任，也因此获得了更多的商机。

这个案例也给我们一个启示：这位销售员居然能够在阿拉斯加把冰块卖掉，我们为什么不能看到市场背后的需求呢？这名销售员是很高明的投资者。真正的投资绝不是投机，不是一锤子买卖，而是需要付出辛劳的，更是要考验投资者的眼光和智慧的。

美国的施乐公司在复印机行业拥有500多项专利，假如一个企业要花钱买它的500多项专利，制造出来的复印机会比施乐贵几倍，根本没有市场。施乐用专利技术的办法来保护自己。

但是，施乐复印机有几个致命的缺点：

1. 施乐复印机比一般机身大，虽然它们性能好，但是定价高，有的价格高达几十万、几百万，只有大企业才有雄厚的资金买得起。

2.在大企业里，复印机只能放到一个固定的地方，其他部门的人要想用复印机，就必须要穿越某个部门甚至很多部门才可以。

3.如果公司老板要复印一些机密文件，比如公司人员任命、涨薪资等问题，很容易被人看到，也就是保密性不好。

日本的佳能公司根据施乐存在的这几个问题，积极开发设计小型复印机，把价格降到十分之一、二十分之一；简单易用，不用专人操作；小巧方便，每间办公室都可以有一台，老板的办公室也可以有一台，解决保密问题。

就这样，施乐因为细节的原因，被佳能打败了。

施乐这样实力雄厚的公司，却被佳能打败了，说明了什么？哪怕你的竞争对手再强大，你也能找到打败他的方法。同样，看似是饱和的市场，只要你留心，就能找到突破点。

相对来说，大投资不可能做到兼顾各个方面，而低投资能弥补这一不足，能和市场、人们的生活息息相关，能使商品更加丰富、完善。另外，在抵御风险这一问题上，它有更强的灵活性。只要你拥有敏锐的眼光和灵活的手脚，就完全可以加入其中，走自己的路，赚自己的钱。

诺贝尔经济学奖获得者萨缪尔森教授曾经说过："人们应当首先认定自己有能力实现梦想，其次才是用自己的双手去建造这座理想大厦。"如果你有心寻找机遇，就不要有资金太少、起步太晚的顾虑。要知道，再难做的市场，也有人赚钱；拥有再好的时机，也有人失败了；再少的资金，也能致富；再多的财富，也会因为投资失误而破产。在创业的道路上，大有大的方针，小有小的路线；早有早的模式，晚有晚的做法。想得到就有可能做得到，谁都不必气馁。

的确，我们一定不能忽视的一点是：人是需求的来源，哪里有人，哪里就有需求；不同的人也有不同的需求。即使是那些大公司，也未必能做到面面俱到。就如案例中的施乐公司和佳能公司，佳能后来居上，就是因为它看到了这一点，制造出了令人信服的、灵巧的、高质量的产品。

在生活中，如果你想要经商，也要有这样灵活变通的思维，懂得以细微的小差别和改进来不断满足客户的需求，有时候，看似细小的优势却会为你赢取巨大的机会。

能力不足时，要善于借力

我们很多人都知道太极的精髓在于"借力打力""四两拨千斤""以柔克刚"，这些都是"善假于物"的衍生智慧，懂得借助他人力量的人，取得的成就常常会超越他人。一个懂得借力的人，讲究的策略是后发制人，敌动己不动，有时甚至可以在不利的条件下，使自己反败为胜。

在做事的过程中，如果感觉自己能力有限，那么，你不妨借助他人的力量或点子。要知道，在竞争激烈的今天，那些实力弱小的人，如果仅凭自己的力量是很难获得成功的。

一个聪明的人，总是能发现有利于自身发展的有利资源，并为自己开拓更为广阔的天地。狐假虎威的故事就说明了这一点。

从前，在山上住着一只老虎。一天，饥饿难耐的老虎下山去觅食，当他穿过森林时，看到一只狐狸在悠闲地散步。

老虎心想，这可是个一饱口福的好机会。于是，他张开双爪扑过去，不费吹灰之力就抓到了这只狐狸。而正当他准备将猎物送进嘴里的时候，这只狐狸却突然开口说："哼！你不要以为自己是百兽之王，就可以吃了我，要知道，我是天地任命的王中之王，谁要胆敢吃了我，就会得到天地的严厉惩罚。"

听了狐狸的话，老虎虽然不怎么相信，但是他转眼看了看狐狸，发现狐狸如此镇定，不免担忧起来。而他之前那股嚣张的气焰和盛气凌人的气势，竟不知何时已经消失了大半。虽然如此，它心中仍然在想：我因为是百兽之王，所以天底下任何野兽见了我都会害怕。而它，竟然是奉天帝之命来统治我们的！

这时，狐狸见老虎迟疑着不敢吃它，就明白自己刚才的那番话已经起到一定的作用了，于是便更加神气十足的挺起胸膛，然后指着老虎的鼻子说："怎么，难道你不相信我说的话吗？要不这样，你跟在我后面，我们一起去见见其他森林中的兽族，看看是不是大家见了我，都害怕。"老虎觉得这个主意不错，便照着去做了。

于是，狐狸就大摇大摆地在前面开路，而老虎则小心翼翼地在后面跟着。它们走没多久，就隐约看见森林的深处，有许多小动物正在那儿争相觅食，但是当它们发现走在狐狸后面的老虎时，不禁大惊失色，狂奔四散。

这时，狐狸很得意地掉过头去看看老虎。老虎见状，心里也一阵惶恐，但它根本不知道，百兽害怕的是自己，而不是狐狸。

狐狸很聪明，它之所以能得逞，是因为它假借了老虎的威风。

聪明的人做事不会生硬地去模仿别人，不过，他会敏锐地发掘他人思想中的亮点，并为己所用。生活中，我们会听到关于别人思维中的好点子，而我们所需要做的就是整合各种信息和智慧，为己所用。换言之，就是要调动外界的一切能为我所用的资源，从而提高自己的做事效率，快速达到自己的预定目标。

在做事的过程中，几乎每个人都会遇到难题，尤其是年轻人，对生活充满热情，但又缺乏经验，所以更要从别人的经验中寻找灵感。

洪承畴是明末大将，清军入关后，皇太极打算将其收为己用,便派范文程前去当说客。洪承畴当时正在跺脚大骂,范文程心平气和地与他交谈时,突然房梁上的灰尘落下,掉落到了洪承畴的衣服上,他随手便将衣服上的灰尘掸走。范文程留意了这一细节,并在回去之后告诉了皇太极,他说:"洪承畴断然不会选择自尽,这样连自己的衣服都十分爱惜的人,又怎么舍得自己的性命呢?"

皇太极觉得很有道理,过了几天,皇太极亲自去看望洪承畴,解下自己身穿的貂皮大衣给洪承畴穿上,说:"先生是否觉得不那么冷了?"洪承畴瞠目而视许久,叹息道:"这真是老天选定的明主啊!"于是三跪九叩以谢皇恩,表示愿意接纳皇太极的纳降。

对此,皇太极异常高兴,不仅当天的赏赐不计其数,还设置了酒宴,摆上了戏台。将领们有的对此很不高兴,说:"皇上待洪承畴太好了!"皇太极劝他们说:"我们这些人风风雨雨几十年,是为了什么?"将领们回答说:"那谁不知,是为了入主中原!"皇太极听后笑道:"好比行路,我们都是盲人,现在好不容易找到了一个指引我们前进的人,怎能不对他好点呢?"众将觉得十分有理。

在这里可以看出皇太极的做事技巧,范文程是汉族的大学者,是一位极有见识之人;洪承畴更是明朝的大官,学识也有过人之处。而这两个人都为皇太极所用,为清军入关,特别是制定统治方略方面,起到了重要作用。

借力指的是借他人之力，比如名人、亲戚、朋友、同学等的地位、名望、财富或智慧等，他人有时是你接近成功或走向成功的桥梁与阶梯。任何人，要想顺顺当当把事情做好，除了靠自己的努力之外，有时还需要借助他人的力量或想法。

成功者积极主动，富有创造力

我们发现，古今中外，大量成功者都具有一些共同的特质：他们积极主动，富有创造力。我们每个人都必须重视思维的力量。一个人有没有创造性是他的思维方式所决定的。创造性思维是创造力的核心，是人类智慧的体现。现代社会，是否能更新自己的思维和观念，不仅决定了解决问题的能力如何，更决定了他能否在未来的社会竞争中脱颖而出、担当大任。

威·赫兹里特说过："人的思想如一口钟，容易停摆，需要经常上紧发条。"同样的问题，在不同的情况下，类似的方法并不能解决问题。只有更新观念，才能与时俱进。

一名乞丐在行乞时被野狗袭击，他十分恐惧，于是再次经过此地的时候，他随手拿起一块石头以防身，但是这次他遇到的是两只狗，于是他又捡起一块石头，第三次他又遭遇一群狗的袭击。于是，他不得不每天背着一箩筐石头去讨饭。后来，他突然意识到，与其背那么多石头，为什么不直接拿一根木棍呢？于是，他果断这么做，自此，再也没有狗来袭击他了。

这则小故事对于年轻人来说，有很好的启示。由于某些因素的制约，我们似乎总是习惯用昨天的方式思考问题，用昨天的方法处理问题，长此以往，造成思想方法陈旧，效率低下。假如我们更新一下观念，转换一下思维方式，天地就变得宽阔了。

无独有偶，法国著名女高音歌唱家玛·迪梅普莱有一个美丽的私人园林。每到周末，总会有人到她的围林里去摘花、采蘑菇，有的甚至搭起帐篷，在草地上野营、野餐，弄得园林一片狼藉，脏乱不堪。

管家曾让人在园林四周围上篱笆，并竖起"私人园林，禁止入内"的木牌，但仍无济于事，园林依然不断遭到践踏和破坏。于是，管家只得向主人请示。迪梅普莱听了管家的汇报后，让管家做几个大牌子立在各个路口，一面醒目地写明：如果在园林中被毒蛇咬伤，最近的医院距此15公里，驾车约半个小时才能到达。自此以后，再也没有人闯入她的园林。

园林还是那个园林，只是变了一个思路，保护园林的难题就解决了。

一千个读者心中，就有一千个哈姆雷特。没有两个完全相同的人，也没有两件完全相同的事，他人身上发生的事不可能在第二个人身上复制，年轻人不能抱着会重演的侥幸心理，这是一种不现实的思想。这种思维方式会让年轻人执拗于一种不可能实现的幻梦中，从而无法接近成功。

第 10 章
锐意变革，激活创意逻辑使自己处于竞争中的有利地位

斯迪克毕业后正在准备找工作，一天，他在书上看见了这样一则故事：

有个很可怜的孩子，穷到吃不上饭的地步，可是他的心地很善良。一次，他母亲让他到一家银行门口卖别针，因为那里人流量大。但是这个小男孩卖了一整天才赚到一块钱。正当他准备回家的时候，他发现马路对面有一位老人也在乞讨，便没多想就把身上的一块钱给了那位老人。恰巧这一切被楼上的银行家看见。他请小男孩好好地吃了一顿，还把小男孩收归门下。小男孩长大后，银行家让他做合伙人，把投资的一半利润分给他，并把女儿嫁给了他。于是，这个男孩顺理成章地继承了银行家的家产。

斯迪克觉得这个故事对他很有启发。于是，他花了六个星期在一家银行的门口卖别针，他也给了乞丐很多钱，他期盼着哪个银行家会把自己叫进去。然而，根本没有出现银行家。终于有一天，一个西装笔挺的人从银行出来，朝着他走过来。可是那个人说的话却是："你别以为你在这儿装作卖别针的我就不知道你的企图，要是再让我看见你在这儿瞎溜达，我就放狗咬你！"

斯迪克的思维只是停滞在他看的那个故事中，认为那是成功之道，然后抱着侥幸心理去等待同样的"成功"送上门来。

结果却发现，自己并不是那个幸运的孩子，也不是每个银行家都要找合伙人。一家银行更不会用同一种方式找两个不同

的合伙人。斯迪克的幻想是不现实的,原因就在于他不会用发展的眼光看问题,而一味地因循守旧。

作为新时代的年轻人,我们要会用自己的思想来武装头脑,要学会更新自己的观念,凭借足够的能力面对瞬息万变的社会,以获取成功!

生活中最大的成就是不断地改造自我,以使自己悟出生活之道。遇到困难和变化时,让思维尽显其灵活和多变的本质,往往能得到更好地解决问题的方法。

参考文献

[1] 郭志亮.逻辑思维[M].北京：中国财富出版社，2017.

[2] 照屋华子.逻辑思维训练手册[M].杭州：浙江人民出版社，2021.

[3] 嶋田毅.逻辑思维[M].张雯，译.北京：北京时代华文书局，2017.

[4] 张晓芒.逻辑思维与诡辩[M].北京：台海出版社，2019.